办公空间设计细节图解

李平 编著

机械工业出版社
CHINA MACHINE PRESS

本书从回归本源的角度出发，以办公专题设计为切入点，深入剖析办公空间设计的思路与方法，打造令人放松、惬意的工作环境。本书精选国内外办公空间设计案例，从平面布局开始讲解，细致讲解每一处局部空间的设计思路，分析并提炼出办公空间设计的关键点，帮助读者快速、轻松掌握办公空间的设计方法。全书详细讲解了办公空间设计中家具、色彩、绿植、照明、人体工程学等细节内容，突显设计方法与设计要点。本书适用于办公空间投资业主、专业设计师、高等院校环境设计专业师生阅读参考，同时也可作为室内设计教育培训教学参考资料。

图书在版编目（CIP）数据

办公空间设计细节图解/李平编著. —北京：机械工业出版社，2022.10
（设计公开课）
ISBN 978-7-111-71775-1

Ⅰ.①办… Ⅱ.①李… Ⅲ.①办公室－室内装饰设计－图解
Ⅳ.①TU243-64

中国版本图书馆CIP数据核字（2022）第187160号

机械工业出版社（北京市百万庄大街22号　邮政编码100037）
策划编辑：宋晓磊　　　　责任编辑：宋晓磊
责任校对：史静怡　王　延　封面设计：鞠　杨
责任印制：张　博
北京利丰雅高长城印刷有限公司印刷
2023年1月第1版第1次印刷
184mm×260mm · 10.25印张 · 261千字
标准书号：ISBN 978-7-111-71775-1
定价：69.00元

电话服务	网络服务
客服电话：010-88361066	机　工　官　网：www.cmpbook.com
010-88379833	机　工　官　博：weibo.com/cmp1952
010-68326294	金　书　网：www.golden-book.com
封底无防伪标均为盗版	机工教育服务网：www.cmpedu.com

前言

现代经济与科技高速发展导致了激烈的社会竞争，人们对空间环境的认知和需求正在发生变化。在工作日，除去睡眠时间外，人在办公空间中停留的时间要高于在住宅中停留的时间。面对不断增大的工作压力，人们不再满足现状，而是对功能单一的办公空间提出新的需求，希望不断提升空间品质。

办公空间设计是对空间设计综合能力的整合，要求设计师具备较强的逻辑分析能力和创造力，允许设计师施展自己的个性风格，全力打造一个人性化、生态化的办公环境。可以结合本书参考以下五点设计要求：

第一，打破常规布局。在保证基本功能区能正常使用的同时，对办公空间墙体的分隔、围合重新思考，善于运用倾斜、圆弧等隔墙来丰富办公空间的组合。

第二，精确人体工程学尺寸。注重办公空间中各处的尺寸设计，要求与人体动作行为习惯相融合，尤其是细节尺寸，既能符合个体使用，又能满足公众使用。

第三，选用新材料。考察当地装饰材料市场，找出当下流行、时尚的装饰材料，尤其是墙面与地面铺装材料，最大程度上区别家居空间与商业空间的装饰材料，提升办公空间的新奇感。

第四，注重局部照明。增强局部环境灯光照明，在自然采光较弱时，强化办公空间室内重点墙面或办公家具表面的灯光投射，加强视觉对比效果，通过光影来强调空间设计重点。

第五，搭配软装陈设。通过色彩、质感丰富的软装陈设提升整体空间的精致感与高级感，选用的饰品应以金属质感为主，适当搭配软质布艺与绿植，进行合理搭配，表现出丰富甚至五彩斑斓的视觉效果。

目前，大多数办公空间布局单一保守、舒适度差、陈设单调乏味。本书主要针对有一定工作经验的初级设计师、办公空间投资业主，同时也为愿意更好地理解室内设计专业、研究办公空间设计的高等院校师生提供帮助。全书涵盖设计思路与流程、空间环境尺度、色彩与陈设、绿化方案、照明以及功能分区等多方面设计重点。本书第 7 章展示了 8 套办公项目的设计图与实景照片等，方便读者获取设计灵感。读者可加微信 whcdgr，索取书中部分图片及本书配套 PPT。

本书由湖北工业大学艺术设计学院李平编著。

编　者

目录

前言

第1章 设计与服务 001
1.1 设计与规划 002
1.1.1 设计前期调研 002
1.1.2 规划设计工作计划 005
1.2 概念和方案设计 007
1.2.1 确定初步方案 007
1.2.2 编制装修概算 012
1.3 施工图设计 013
1.3.1 专业施工图 013
1.3.2 构造详图 014
1.4 设计与施工 015
1.4.1 实施设计方案 015
1.4.2 装修施工防火规范 015

第2章 活动与间距 017
2.1 活动空间类型 018
2.1.1 物体移动空间 018
2.1.2 步行空间 019
2.1.3 剩余空间与不规则空间 020
2.2 办公人体工程学 021
2.2.1 人体工程学概念 021
2.2.2 人体工程学应用 022
2.3 人体尺寸 024
2.3.1 人体静态尺寸 024
2.3.2 人体动态尺寸 033
2.4 舒心的工作环境 035
2.4.1 工作环境与心理 035
2.4.2 环境心理的应用 036
2.4.3 常用人体尺寸的应用 039
2.4.4 工作压力与创造力 041

第3章 办公空间家具选用 043
3.1 多用途办公桌椅 044
3.1.1 办公区桌椅 044
3.1.2 会议区桌椅 045
3.2 柜式办公家具 046
3.2.1 表面处理 046
3.2.2 风格款式 047
3.3 家具摆放的形式与原则 049
3.3.1 选择要点 049
3.3.2 摆放原则 051
3.4 工作位布置方式 053
3.4.1 主要材料 053
3.4.2 布置形式 055

第4章 办公空间色彩与陈设 057
4.1 色彩的性格与作用 058
4.1.1 色彩的调节作用 058
4.1.2 色彩体现空间性格 059
4.2 色彩设计原则 063
4.2.1 色彩与材料配合 063
4.2.2 满足基本功能需求 063
4.2.3 遵循设计构图法则 063
4.3 色彩设计方法 065
4.3.1 色彩搭配方法 065
4.3.2 色彩设计程序 067
4.4 植物的重要性 068
4.4.1 利用植物组织空间 068
4.4.2 利用植物改善环境 069
4.4.3 利用植物美化空间 069
4.5 植物配置形式和要求 070
4.5.1 植物配置形式 070
4.5.2 植物配置要求 073
4.5.3 植物配置方法 076
4.6 办公空间的绿化方案 078
4.6.1 挑选植物的禁忌 078
4.6.2 办公空间植物图鉴 080
4.7 办公空间陈设品设计 083

4.7.1 多样化的艺术陈设品 083
4.7.2 陈设品设计原则 085

第5章 办公照明设计 087

5.1 照明的质量要求 088
5.1.1 照明基本概念 088
5.1.2 合理的照度与亮度分布 089
5.1.3 办公照明节能设计 091

5.2 合理计算照明 094
5.2.1 简单计算照度值 094
5.2.2 科学计算照度值 095

5.3 照明布局方式与形式 098
5.3.1 办公照明方式 098
5.3.2 办公照明布局 101

5.4 不同功能区域照明设计 104

第6章 功能分区设计 107

6.1 办公空间功能分区 108
6.1.1 办公空间分区安排 108
6.1.2 业务性质分类 113

6.2 办公空间布局 114
6.2.1 办公空间布局形式 114
6.2.2 办公空间布局原则 119

第7章 办公空间设计实例 121

7.1 双层开放式办公空间 122
7.2 营销型移动联合办公空间 128
7.3 保险销售企业办公空间 132
7.4 时尚工业风办公空间 136
7.5 驻点办事处办公空间 140
7.6 追求私密性的企业总部办公空间 144
7.7 部门独立型办公空间 148
7.8 住宅改造工作室办公空间 152

参考文献 156

第1章

设计与服务

识读难度：★☆☆☆☆

重点概念：准备、方案设计、技术设计、施工图、施工与管理

章节导读：设计师一般从大空间开始设计，层层往下，最后才考虑最小的物件，如装饰陈设、打印设备等。如果以有序展开的方法，设计师也可以从空间环境的个别物件入手，并以此营造一个典型的房间，最后根据需要将内部空间进行整体调整。每个设计师最终都将形成自己独特的工作、规划和最终完成设计方案的方式。作为设计师，理应扮演一个说服客户的角色，向客户说明设计过程中包含的步骤和内容。设计师可以用自己的设计风格来营造舒适、高效的办公空间，满足客户的需求、愿望及期待。

1.1 设计与规划

设计的最终目的是将客户的想法转变成完美的设计方案并能付诸实践。为了成功实现这个方案，最重要的是要倾听客户的要求，了解他们对空间功能的需求和喜好，将设计师自身的知识储备、创造能力发挥出来，打造出完美的设计作品。

1.1.1 设计前期调研

设计师在实际工作中，大多数情况下都是先向客户讲解自己的创作思想，再获得客户的反馈，将其运用到设计作品中。只有客户才明确设计的最终目标，但是他们不知道该如何去达到这个目标，这就需要设计师来解决问题。

例如，新办公空间是否如客户所期待的那样，他们所预计的装修实施费用是否和设计预期相差无几。设计项目最开始很大程度上是基于客户的意愿，设计师应当进行预先调研，当实践与预期发生矛盾时，在最大程度上去解决这种矛盾。

1. 认识客户

客户对空间的需求是根据办公性质与功能来设定的，不同行业之间的工作流程相差很大，这些工作流程对办公空间设计的逻辑是有影响的（图 1-1）。

a）玩具设计公司

b）科研公司

图 1-1　办公空间业务类别

↑不同客户的需求差异由业务类型、业务需求、建筑结构、企业差别、经营理念等决定。玩具设计公司需要面积较大的单间，用于设计组装产品；而科研公司需要封闭围合的洁净空间，用于独立研发、测试工作。

每个客户都是独一无二的，他们之间有许多相似之处与不同之处。认识到这些，设计师往往能给出不同的设计建议或解决方案。但是，设计师不应该将客户机械地归类，套用固定的设计模版。虽然他们之间有相似之处，但是也要注重“量体裁衣”。

（1）单一地点的客户 这类客户倾向于每 5 ~ 10 年进行一两次的办公空间改造、翻新，对空间设计并没有明确的目标，只希望有全新的感受即可，至于投资预算、设计风格等，他们都需要设计师进行指导。

（2）多个地点的客户 具有多个分支机构的客户一般比较熟悉设计过程，他们会对设计师进行审查，并积极参与设计细节讨论，有自己的想法和诉求。

2. 聆听客户

在设计中，设计师最重要的是要尊重客户，并且尽可能满足客户的需求。当然，这并不意味着设计师需要将所有事情都向客户需求看齐。有时可能一个设计方案并不会满足客户的需求，需要提供多种解决方案。设计师提出多种设计方案后，由客户对设计方案做出最后决定（图 1-2）。

a）在开敞空间中交谈

b）在封闭空间中交谈

图 1-2 聆听客户

↑在交谈过程中，客户并不总是明确提出他们想要的，这时设计师需要从字里行间了解客户表达的真正意图。随着交谈不断深入，结合以往的设计经验，设计师普遍能够推理出客户的诉求，并且将其用在设计项目中。在开敞的空间中交谈有助于拓展设计思维，适用于初次见面商量设计方案；在封闭空间中交谈更容易集中注意力，适用于设计师之间商量设计难点的解决。

事先了解客户的意向，在设计过程中就会轻松不少。设计师应当进行设计调查，全面掌握各种相关数据，为正式设计做好前期准备。主要包括以下四点：

（1）充分了解办公空间性质 不同企业的业务性质不同，对办公空间会有不同的使用要求，例如，不同企业有不同的资料存储方式和工作方式，这对档案室和办公区就有不同的设计要求。对于具体需求，应做好详细的访谈记录，减少双方沟通的矛盾与误解。

（2）了解机构职能 设计师应了解办公空间使用者的经营运作方式、工作职能、组织结构、具体分工配合关系等，通过这些细节来设计空间布局与内部交通流线，这是办公空间设计的重要依据。

（3）了解客户审美 设计作品最终是为客户服务的，因此在与客户交谈过程中，要重点了解客户的审美点，通过审美点来开创想象力，从审美点中寻找创意点进行设计。

（4）了解预算和项目期限 任何设计项目都会受到投资额度的制约，设计应根据资金投入的状况准确定位。同时要从经营效益角度考虑，严格控制设计与施工期限，合理安排工程进度。

3. 施工场地勘测

设计图与现场尺寸会有一定差距，再详尽的设计图也很难准确标记各种细节，想了解这些设计细节，应当到施工现场认真勘测，根据实际情况进行设计（图 1-3）。

a）地面状况

b）现有家具布置状况

图 1-3 施工场地勘测

→设计师应亲临施工场地，进行现场勘测，了解地理位置、建筑环境以及各个空间的形态和衔接关系。如地面的平整度、地面铺装材料、现有家具布置状况等，都会影响后期设计与施工，地面现有状况直接关系到能否直接覆盖全新的地面材料，家具布置关系到功能空间划分。

1.1.2 规划设计工作计划

设计之初的主要工作包括设计初步图纸、设计委托书、合同、明确设计施工期限、考虑各相关工种的配合与协调等。

在准备设计工作计划的同时，必须了解相关政策法规、使用者社会文化背景、施工场地的环境（光照、气候）等条件。有些需要设计师到施工现场进行实地勘察测量，以获得最直观的认知，方便在设计过程中随时思考，提取其中重要的细节，并运用到设计方案中去（图 1-4）。

a）了解装修材料的种类和价格

b）研究同类型的设计案例

图 1-4 明确设计任务和要求

↑了解室内装修材料的种类和价格，收集分析必要的资料和信息，包括熟悉与设计相关的规范和标准，对现场进行调查踏勘以及对同类型案例进行研究等，然后对这些信息进行筛选、分类、汇总。

1. 制定设计委托书

设计委托书是设计说明书与设计图纸等文件的总称。设计委托书在表现形式上会有不同类型，如会议纪要、设计协议、招标文件、正式合同等。在项目实施之初，要求确定设计的总体方向，从整体到细部都要准确设计，将必要的设计内容简洁表达出来。施工承包方会根据设计委托书的内容编制预算，因此，设计委托书要能准确提出工程造价，完整表现设计方案。

一个办公空间项目在实施过程中，需要多个部门相互协调，不同部门所承担的任务也是不同的，下面我们只对设计环节进行分析。

任何一个办公空间设计项目，无论面积、规模有多大，从最初的策划到最终的实施，全程都会涉及文化、道德、心理、审美、技术、材料等多方面问题。设计委托书是对各种问题的综合要求。这些要求包括办公空间设计中物质与精神两方面内容。同时，设计委托书是制约委托方（甲方）和设计方（乙方）

的重要法律文件，双方应当共同遵守设计委托书规定的各项条款，才能确保工程项目的顺利实施。设计委托书的制定，在形式上的主要要求如表 1-1 所示。

表 1-1　制定设计委托书的主要要求

设计委托书的制定要求	主要表现
按委托方（甲方）的要求制定	在委托方设计概念的基础上，设计方要体现自己的创意构思，设计师要加强与委托方的交流合作，使设计方案充分体现委托方的设计意图
按等级档次的要求制定	根据委托方的投资额度、建筑物本身的条件、建筑周围的环境来制定
按工程投资金额要求制定	在委托方确定投资金额的情况下，根据方案设计制作预算，明确工程施工实际所需的金额

在大多数情况下，设计委托书都是以合同文本形式出现，主要包括以下内容：工程项目地点、工程项目范围与内容、不同功能空间的划分、设计风格与审美倾向、设计施工进度与图纸类型。

2. 分析设计委托书

设计师要对项目设计委托书中的内容进行深入分析，关于分析的内容主要包括两部分。

（1）项目分析　明确设计任务，对设计项目深入分析，明确该设计项目的使用性质、功能特点、设计规模、等级标准、资金情况、设计风格等。

（2）调查研究　考察设计现场，明确现场方位、交通状况、建筑结构状况。调查当地装饰材料市场情况，明确所选用材料的种类、价格、可行性。考察同类办公空间案例，了解使用情况与遇到的问题。

1.2 概念和方案设计

这个阶段需要设计师进一步收集、分析、运用与设计任务有关的资料和信息，提出有针对性的解决办法，进行方案初步设计，要对初步方案进行分析和比较。方案设计阶段主要涉及全局问题，确定方案的主要方向。这时通常会先设定一个大的目标，以此为起点，层层往下搜寻、跟进，确定不同层面的设计目标。每个分目标都有自己的特殊性，既相互独立，又相互关联、相互影响、相互牵制，进而形成错综复杂的设计构思。

1.2.1 确定初步方案

在设计之初，没有人能将各种设计问题都找寻出来。设计过程中的各种矛盾都是随着设计工作不断深入，慢慢显现出来的，这就需要设计师回过头对最初的设想不断修改、调整。通过频繁收集并校正信息，不断提升设计方案的品质。

徒手绘制设计图是一项最初级的表现方式，设计师从草图开始设计，对办公空间的功能、家具、软装、绿植等进行统一构思，确定空间分隔与尺寸，确定主题色彩与装饰材料，并对这些设计细节进行统一归纳。

初步设计方案通常包括平面布置图、顶棚布置图、立面图、地面铺装图、水电布置图（消防烟感喷淋、供暖通风、照明等）、效果图、材料样板图、设计说明、造价预算等。有特殊要求或项目规模较大的办公空间，还应当制作三维演示动画。如果工程项目比较简单，只需要设计平面布置图和效果图即可。

初步设计方案要能正确传递完整的设计思想，将委托方的设计要求都表现出来。因此，平面布置图和立面图要求绘制精确，符合国家制图规范。效果图则要借助各种表现手法，能够真实再现办公空间的实际情况。

下面介绍一项办公空间设计案例，从基础平面图到实景照片，完整展示了现代办公空间设计模式。设计构思从功能入手，根据使用需求对室内空间进行分区，接着细化分区中的家具布置，严格限定空间形态，在任何一处都表现出严谨的区域形态，让过道与办公区之间形成既紧密又宽松的形态。这套设计方案还包括强、弱电图，让功能设计更完善。最后搭配施工完成后的实景照片，强调灯光重点照明的聚光效果，加强室内家具材质之间的对比关系，让深灰色与浅色木纹形成较强的视觉对比，提升办公空间的动感与活力（图 1-5 ~图 1-10）。

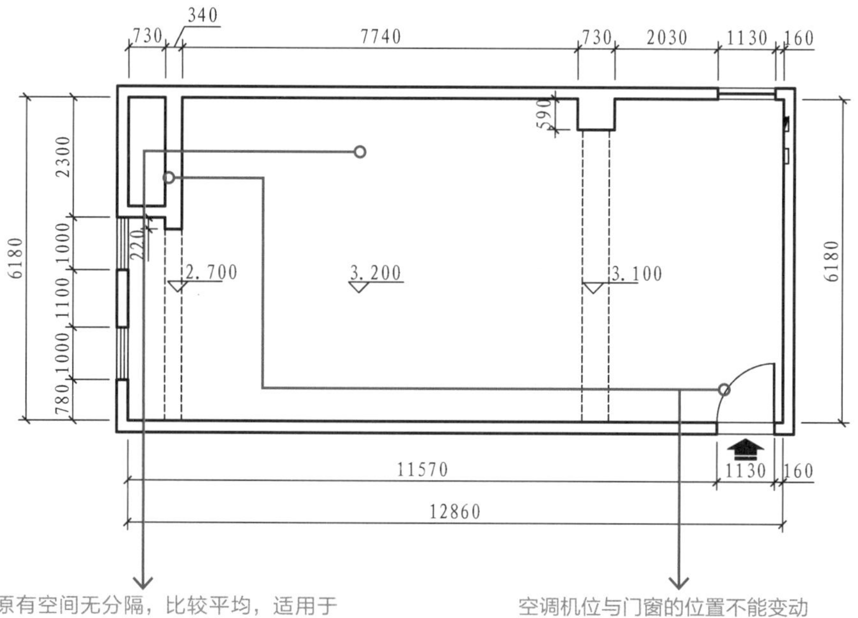

原有空间无分隔，比较平均，适用于大多数办公空间，但是单一的功能区面积太大，交通流线不明确

空调机位与门窗的位置不能变动

图 1-5　原始建筑图

↑建筑的原始结构图包括墙体、梁、柱、电箱、窗户等。

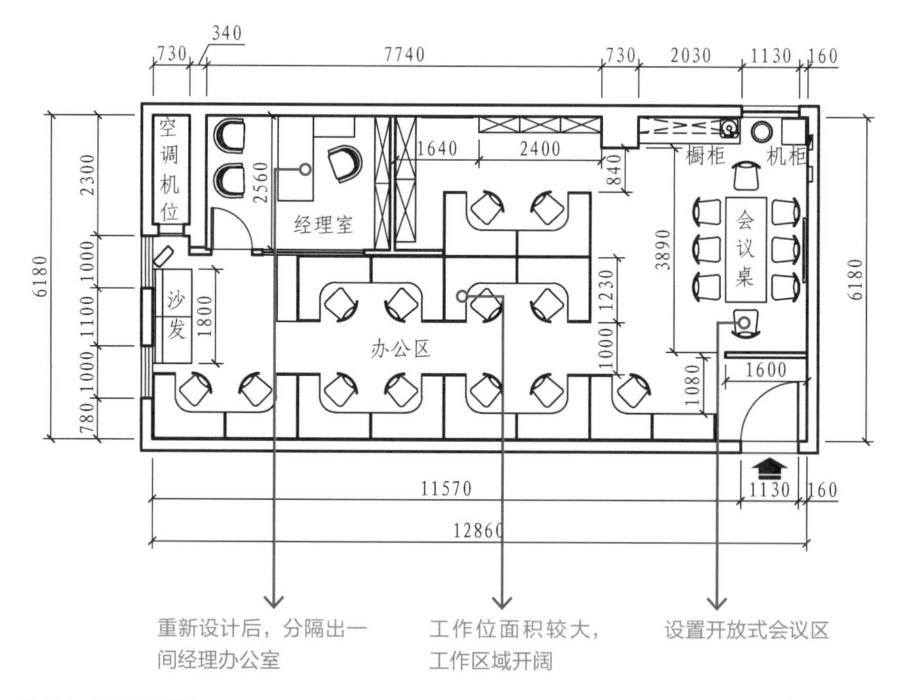

重新设计后，分隔出一间经理办公室

工作位面积较大，工作区域开阔

设置开放式会议区

图 1-6　平面布置图

↑常用比例为 1 : 50 和 1 : 100，设计师应结合平面布局规划，推敲场所的形式，使它不仅符合形式美的规律，还具有深刻的美学意义。

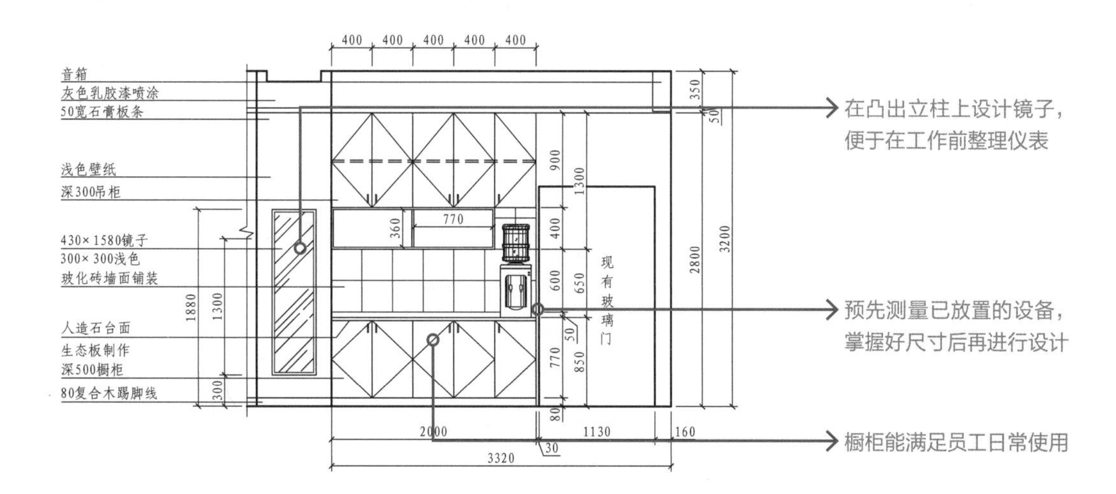

a）橱柜立面图

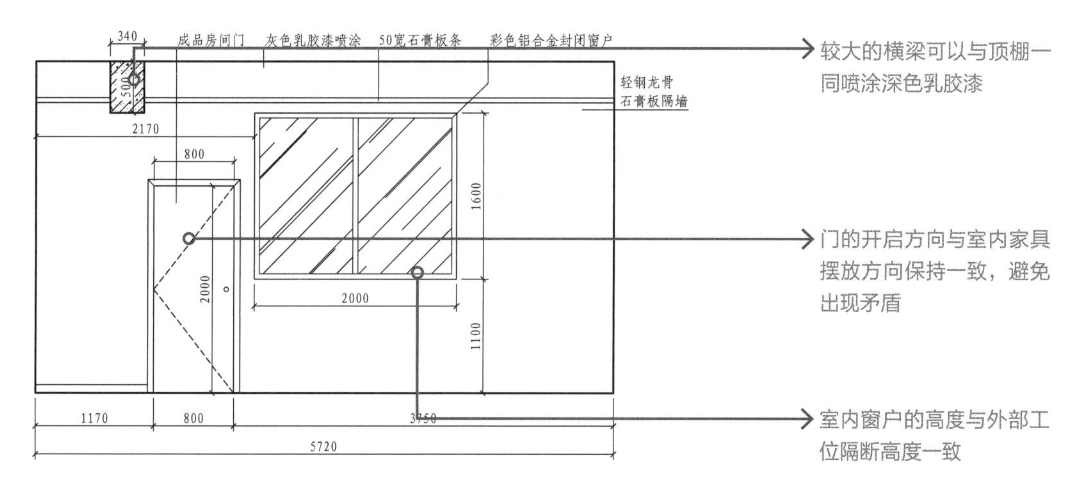

b）总经理办公室外墙

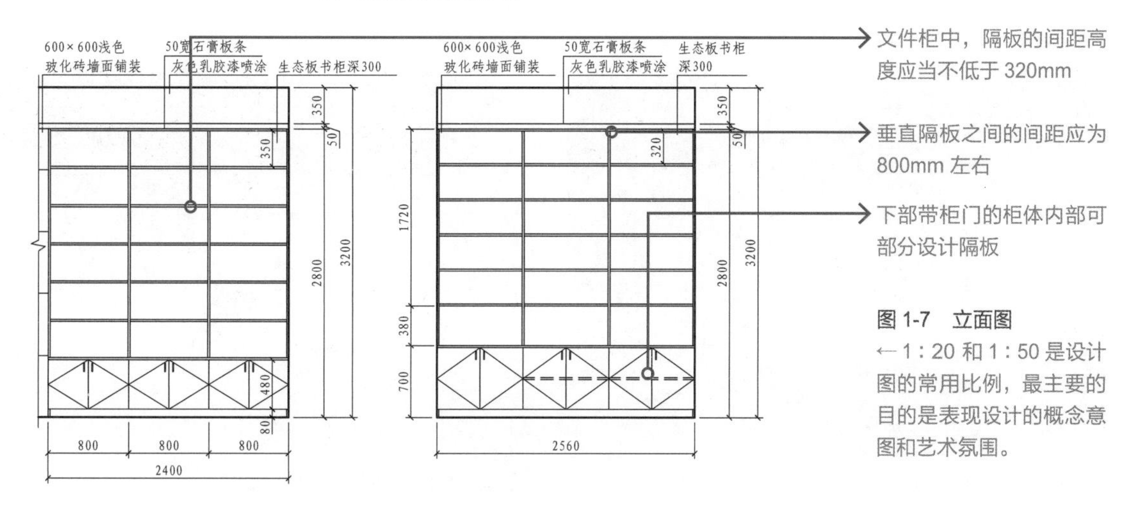

c）文件柜立面图

图 1-7　立面图

←1：20 和 1：50 是设计图的常用比例，最主要的目的是表现设计的概念意图和艺术氛围。

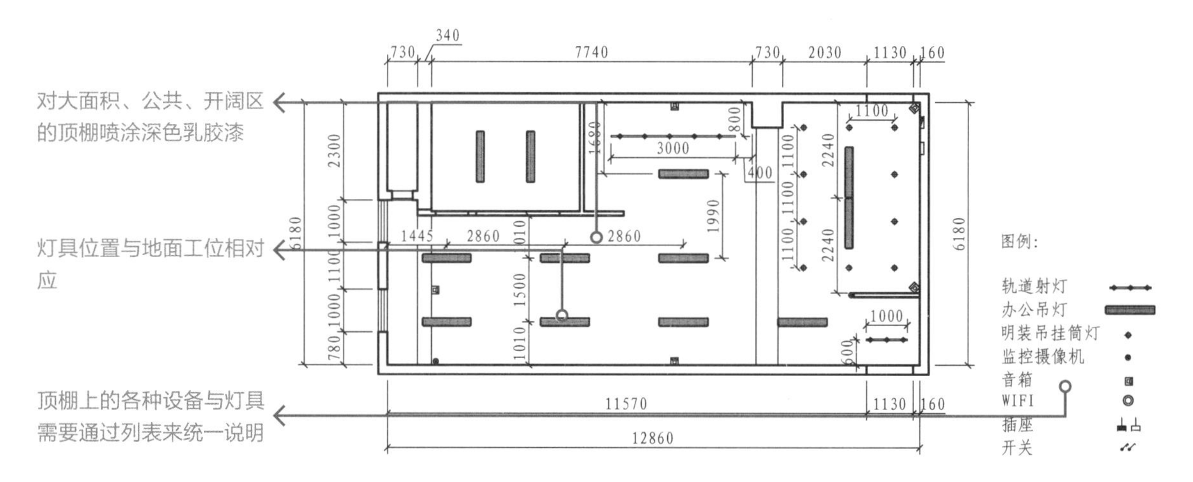

图 1-8 顶棚平面图

↑房屋的顶棚布置包括各种石膏板、铝合金方通龙骨吊顶和顶角石膏线的设置，这里应注意安装灯具、设备的标示。

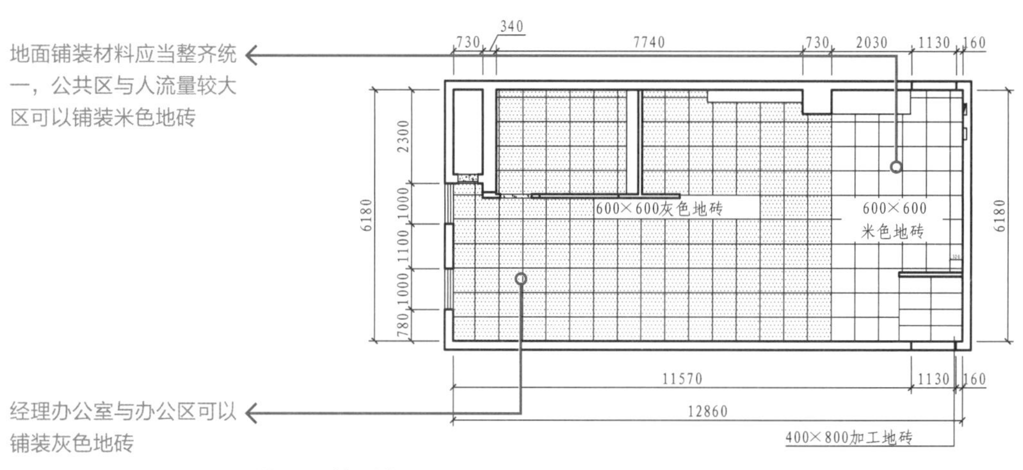

图 1-9 地面铺设图

↑标注具体的地面区域所用的材质种类及拼接手法，具体以现场复核为准。

a）会议区

b）办公区

图 1-10 实景照片

c）办公工位

d）会议桌

e）文件柜

f）打印机柜

图 1-10　实景照片（续）

↑与设计图进行对照，就能深刻把握设计图的表意，功能空间划分完善，对施工细节控制到位，同时实景拍摄是设计施工后期不可缺少的关键表现途径，相比效果图表现，更利于总结设计作品。

客户会对设计方案进行审核。在该阶段，设计师要善于与客户进行沟通。初步方案经过修改调整后会逐渐成熟，要为后期深入细节设计做准备。设计方案在施工过程中还会存在变更的可能，不少客户在施工过程中会根据现场环境的变化产生新的思考，不断优化空间布局，这些在最初设计中要有考虑，预留一些空间备用。

★补充要点★

通过创意为问题的解决指引方向

设计师离不开创意，但创意往往被大家狭隘地理解为单纯的视觉形式上的创新。这就使得许多设计方案都在为样式而设计，在样式上推陈并反复修改，设计师会感到很苦恼，却忽略了设计工作的核心应该是发现问题并解决问题。

一个设计，样式上的创新最多让客户眼前一亮，但是对于能在实际使用中解决问题的设计方案来说，新的样式并不重要。因此，最好的创意应该是能够解决实际问题，注重细节设计的便利性，为后期变更提供修改空间。

1.2.2 编制装修概算

很多办公空间设计项目一开始并没有更多地顾及预算，但在设计过程中应尽早考虑这个问题。没有明确的投资预算，是不可能确定真实设计方案的。

概算是施工企业招标、投标和评标的依据。办公空间装饰工程应采用“定额量、机械费、市场价、总造价”的形式来编制工程装修概算。

（1）定额量 指按设计图纸和概预算定额相关规定确定主要材料的使用量、人工工时费。

（2）机械费 指按国家定额标准中设定的机械费计价，并测定使用系数，经过计算后得到费用的数字。

（3）市场价 采购材料价格、工资单价均按市场价计算，特殊材料与辅料部分价格可以自行调整。

（4）总造价 以定额量、市场价为主，确定工程直接费，并由此计算企业利润、税金、经营费等，汇总计算出工程总造价。总造价可以确定办公空间的装修档次，按建筑面积计算，每平方米装修价格在 1500 元以上的为高端办公空间，每平方米装修价格为 800 ~ 1500 元的为中端办公空间，每平方米装修价格在 800 元以下的为中低端办公空间（图 1-11）。

a）高端办公空间

b）中低端办公空间

图 1-11 分档制定预算

↑高额的预算往往允许设计更宽敞的走廊，更开放的空间，更大的会客区、会议室等，幕墙面积更大，采光效果更好。

↑中低额度的预算对地面、墙面、顶棚的装修材料的选用有一定限定，但是办公家具的使用功能还是能保证的，只要照明充足，能满足各种办公需求即可。

1.3 施工图设计

设计方案经客户通过后，即可进入施工图设计阶段。施工图设计是对初步设计方案的深化，是设计与施工之间的桥梁，是现场施工的重要依据。

在分析了现有办公空间结构特点与功能需求后，充分利用空间形态，重新布局、规划，使空间利用更加科学合理。同时，给办公空间加入充满活力的色彩和造型元素，打造出自由放松、充满活力的综合办公环境。

按照办公空间总体构想，对室内的家具、照明、设备、陈设进行深入设计。施工图设计主要包括总体规划、平面布置图、顶棚平面图、立面图、剖面图、节点详图、水电布置图、装饰材料实样组织等，其中大多数图纸在方案设计图中都有包含，对于简单的办公空间而言，施工图与方案图是一致的，可以根据具体需要进行增补。

1.3.1 专业施工图

这些图纸主要用于表现地面、墙面、顶棚的构造样式、材料分界与搭配比例，其中在顶棚平面图的基础上，标注消防烟感喷淋、供暖通风、照明、音响设备等各类管口的位置，可以衍生出消防设备平面图等多种专业施工图（图 1-12）。

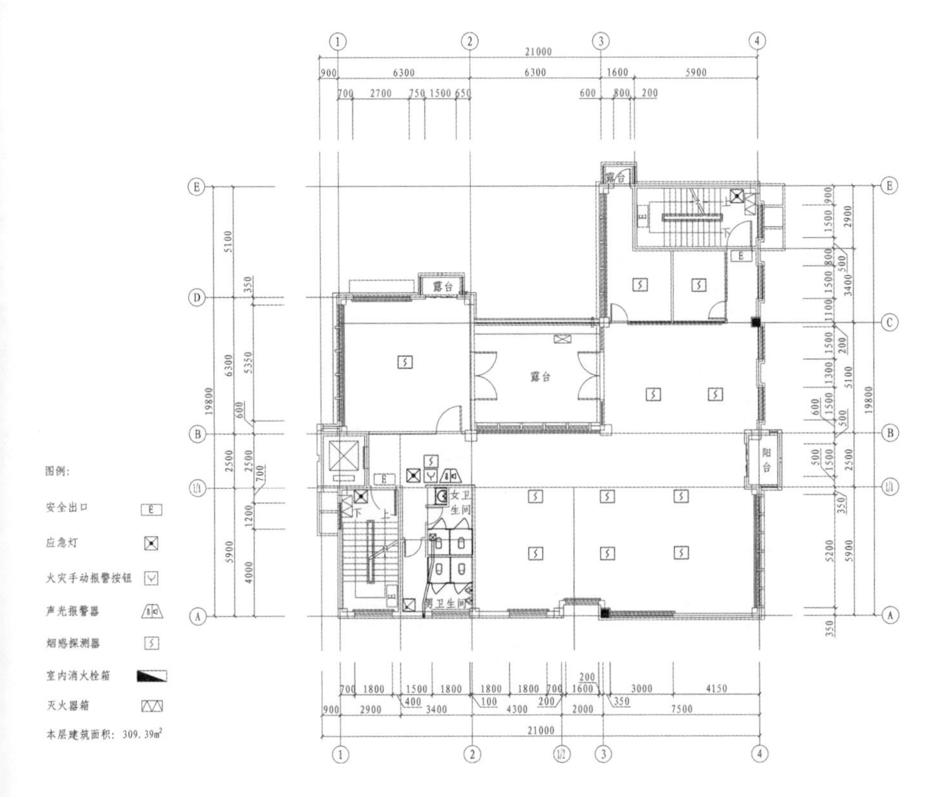

图 1-12 消防设备布置图

←消防设备是办公空间不可缺少的。在完工验收时要对照图纸进行检测，设计中要准确标记出消防设备的位置，指明消防设备的功能。消防设备布置图属于专业施工图中的重点图纸。

1.3.2 构造详图

构造详图主要包括剖面图、节点详图等。其中剖面图应详细表现不同材料之间、材料与界面之间的连接构造。节点详图是剖面图的进一步详解，其细部多为不同界面转折和不同材料衔接过渡的构造表现（图 1-13）。

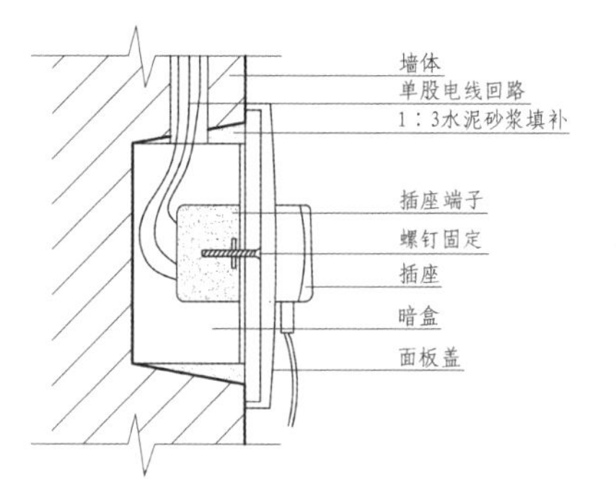

a）电源插座剖面图

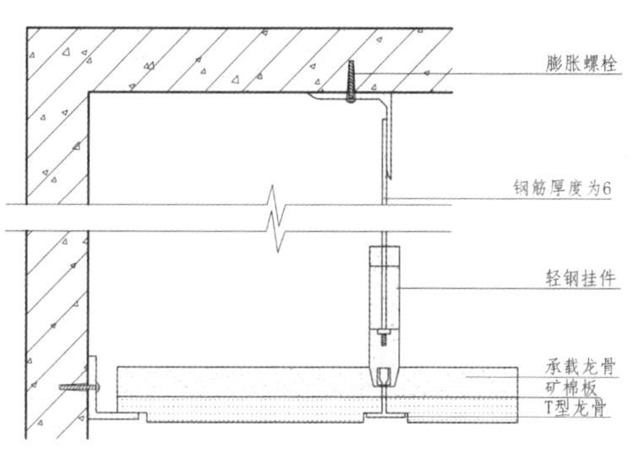

b）硅钙板吊顶节点详图

←硅钙板吊顶是办公空间常见材料，对其进行剖切后，将内部构造放大绘制，详细标明节点构造，指出所选用的材料名称，为施工员提供重要参考。

图 1-13 构造详图

↑插座的安装方式较多，剖面图，能明确施工标准，利于保证施工质量。

方案设计图注重设计形式感，表明最初的设计创意与构想，图纸中绘制的内容以家具、墙体、通识构造为主，能让读图者快速识别，理解设计师的意图。施工图是以严谨、标准作为重点，它的标准是施工的唯一依据，施工图的专业性很强，主要读图者为项目经理和施工员等专业技术人员，施工图完成后即可开始工程施工。工程施工期间，有时还需要根据现场实际情况对施工图作局部修改或补充。

一套完整的施工图应该包括界面材料与设备位置、界面层次与材料构造、细部尺寸与图案样式这三个层次的内容（表 1-2）。

表 1-2 施工图内容详解

施工图主要内容	主要表现与常用比例
界面材料与设备位置	主要表现在平面图和立面图中，用于表现地面、墙面、顶棚等的构造样式、材料划分与搭配比例，标注灯具、供暖通风、给排水、电器等的位置、型号等信息；常用比例为 1：50、1：20、1：10
界面层次与材料构造	主要表现在剖面图中，详细表示不同材料与界面之间的连接构造；由于很多现代材料都有各自标准的安装方式与要求，因此剖面图的绘制主要侧重于表达剖面线的尺度与不同材料的连接方式；常用比例为 1：5
细部尺寸与图案样式	主要表现在细部节点详图中，它是剖面图的详解，而细部尺寸多为不同界面转折或不同材料衔接过渡的构造表达，常用比例为 1：1 或 1：2；图案样式多为平、立面图中特定装饰图案的施工放样，而自由曲线多的图案可根据具体情况决定相应的尺度比例

1.4 设计与施工

设计施工阶段也是工程的实施阶段。施工是实施设计的最终手段，施工质量的优劣又直接关系到设计的品质。

1.4.1 实施设计方案

在开工之前，设计师应向施工单位进行设计意图说明与图纸技术交流。施工期间，要根据图纸要求核实施工情况，特殊情况下还需要根据现场环境对图纸进行局部修改或补充（图 1-14），由设计单位出具修改通知书与技术图纸。施工结束后，同质检部门和建设单位进行工程验收。

a）原建筑内部空间

b）材料进场摆放

图 1-14 实施设计方案

↑设计师应当熟悉原建筑空间的状态，理清水、电等设备的衔接，抓好各阶段的关键环节，充分重视设计、施工、材料、设备等各方面细节，使设计取得预期效果。如原建筑内部空间结构会影响材料进场后的摆放位置，要为施工预留空间并考虑楼板的承重。

办公空间项目涉及的施工安装较复杂，如办公设备、照明设备、消防设备等。设备安装除了按各自的技术标准执行以外，更重要的是各专业之间的协调问题。消防设备与电气设备应当在设计之初考虑，不能等到施工时才想起，这些设备构造的安装应当分包给专业技术人员或企业。设计师应该具备良好的沟通协调能力，能与其他专业技术人员密切配合，以保证设计方案的顺利实现。将设计与施工视为一个整体来运作，方能确保设计构想的实现和施工的质量。

1.4.2 装修施工防火规范

在进行民用建筑内部装修设计时，应严格遵照现行国家标准《建筑内部装修设计防火规范》（GB 50222—2021）的要求。选用合适的内部装修材料及妥善的构造做法，做到防患于未然。民用建筑内部装修防火设计应符合以下规定，如表 1-3 所示。

表 1-3　民用建筑内部装修防火设计规范

序号	建筑内部装修部位	防火措施
1	图书室、资料室、档案室、文物存放室	顶棚、墙面装修材料应为 A 级，地面装修材料应不低于 B_1 级
2	大中型电子计算机房、中央控制室、电话总机房等特殊贵重设备用房	顶棚和墙面装修材料应为 A 级，地面及其他装修材料应不低于 B_1 级
3	消防水泵房、机械加压送风排烟机房、固定灭火系统钢瓶间、配电室、变压器室、通风和空调机房等各类动力设备用房	内部所有装修材料均应为 A 级
4	无自然采光楼梯间、封闭楼梯间、防烟楼梯间等疏散通道	顶棚、墙面和地面装修材料均应为 A 级
5	有上下层相连通的中庭、走马廊、开敞楼梯、自动扶梯时	连通部位的顶棚、墙面装修材料应为 A 级，其他部位装修材料应不低于 B_1 级
6	除地下建筑外，房间无窗时	无窗房间的内部装修材料的燃烧性能等级除 A 级外，应在有关规定的基础上提高一级
7	顶棚和墙面上局部采用多孔或泡沫塑料时	厚度不应大于 15mm，面积不得超过该房间顶棚或墙面面积的 10%，减少火灾中烟雾和毒气的危害
8	照明灯具	材料的燃烧性能等级不应低于 B_1 级，当靠近非 A 级装修材料时，应采取隔热、散热等防火措施
9	挡烟垂壁	采用 A 级装修材料制作，减慢烟气扩散的速度，提高防烟分区排烟口的吸烟效果
10	沉降缝、伸缩缝、防震缝等	变形缝两侧的基层装修材料应为 A 级，表面装修材料应不低于 B_1 级

第2章 活动与间距

识读难度：★★★★☆

重点概念：活动空间、人体工程学、人体尺度、环境心理

章节导读：干净且无阻碍的办公空间适用于办公、行走、交谈，办公空间的平面布置应考虑家具、设备尺寸等细节，以便于使用者开拉柜门或使用设备打印资料文件。办公人员需要必要的活动空间，要根据使用要求重新组合房间，安排出入口与工作位置。精细设计各办公区域之间的面积比例，区域面积应根据办公空间的建设规模、使用性质、政策标准来确定。

2.1 活动空间类型

活动空间由实地情况决定，根据具体状况、条件限制进行相应调整。通常活动空间可以分为物体移动空间、步行空间、剩余空间、不规则空间等几种区域，对这些区域进行分别设计，再有机组合在一起。

2.1.1 物体移动空间

物体移动空间是指用于搬移办公桌椅、文件柜、办公设备的周转空间，尤其是柜门和抽屉这两种家具在使用时的所需空间（图2-1）。设计师应当合理安排空间布局形式，满足各种收纳功能，划分出合理数量的空间区域，来方便家具的搬运、移动和使用。

a）多功能柜门

b）抽屉高度设计

图 2-1 柜门和抽屉所需空间

↑考虑柜门和抽屉这两种家具在使用时所需的空间，满足各种收纳功能，安排合理数量的空间区域，为家具搬运、移动留出余地。

如何设计活动空间取决于这些家具的使用方式。例如，办公桌旁的椅子主要是移入、移出桌底，以及移到桌前，而台柜旁的椅子则是沿着台柜摆放或是围着台柜摆放（图 2-2）。在设计时应当就这些家具的使用方式对使用者进行询问或观察，所得出的结论能快速引导设计师确定这些空间的面积，以安排更多有效空间。当然，这些询问或观察的结果每次都会不一样，还应当根据实际情况来做少许变更。

a）可移入、移出桌底的办公椅

b）围着台柜摆放的椅子

图 2-2 不同椅子的使用类型与方式

→设计师可以就家具的使用类型与方式对使用者提出询问，而这些回答将会引导设计师寻找、决定适当的空间比例，以安排活动所需的空间。更多情况下，如果不便询问，可以将家具摆放整齐，如座椅、座凳的轴心间距保持在 700mm 左右即可。

2.1.2 步行空间

步行空间是指过道，过道处于办公区与文件柜之间，是一个区域与另一个区域之间的开放公共空间。这些空间可以设计为过道、走廊、通道、安全出口，甚至可以对地面表面进行局部处理，对地面进行提升或下沉设计，将地面标高重新指定，变化出更多形式，以满足不同功能和形式上的需求。

1. 双通道

双通道即双人步行过道。需要设置多条过道时，大部分客户不愿在过道上花费过多面积。若要节省双通道的占地面积，应当认真考虑。

当过道日均少于 50 人通过时，可以考虑适当减小过道宽度，宽度可设计为 1200mm 以下（图 2-3）；当过道两侧需开关柜门、抽屉，或文件柜等其他家具会占用过道空间时，可以设计左右滑动的家具，这样占地面积会小很多，所需的站立操作空间能够构成这个过道的最小尺寸（图 2-4）。一方面能减少了过道的面积，另一方面能空余出不少空间来安放其他东西。

图 2-3 减少双通道宽度

↑为节省双通道的占地面积，可以减少过道宽度，但是作为双通道，宽度最低应当保证两个人并肩通行。

图 2-4 避免使用“双倍”空间量的家具

↑过道两侧的柜门、抽屉等家具需要具备一定的使用空间，可以在过道的宽度上增加一定的柜门或抽屉的拉开深度，也可以根据需要设计滑动开门的家具。

2. 公共走廊

公共走廊是办公空间的主循环流线，可以根据需要在各楼层中设计。这种形式适合共享办公空间，当空间中有多个单元办公空间共存时，公共走廊可以使人直接进入位于共享空间中的单元空间。

3. 疏散通道与疏散门

办公空间内的疏散通道和疏散门应当符合国家规范和标准，门的开启方向应当为逃生下游通道或出口，在火灾发生时，人员能顺势推开门疏散或逃生（图 2-5 ~图 2-7）。

图 2-5　大厅疏散通道

↑通道的出口和外部疏散过道的总宽度分别按通过人数计算，每 100 人不小于 900mm，特殊情况，比如阶梯地面宜按通过人数每 100 人不小于 1200mm 计算。疏散出口的门内与门外 1400mm 内不宜设置台阶踏步，门应向疏散方向开启，同时出口与过道的最小净宽不能小于 1400mm。

图 2-6　有固定座位的场所的疏散通道

↑会议室、多功能厅等设有固定座位的场所，内部疏散过道的净宽应按通过人数计算，每 100 人不小于 800mm，最小不宜小于 1000mm，边过道的最小净宽不宜小于 800mm。

图 2-7　疏散门

↑单个疏散门的净宽度不能小于 1200mm，单面布局的房间，走廊的净宽度应大于 1300mm；双面布局的房间，走廊的净宽度应大于 1400mm。

2.1.3　剩余空间与不规则空间

建筑的形状和大小各异，客户对空间的需求也大不相同，虽然办公空间设计要求能与建筑平面布局完全契合，但是在建筑空间中必定会有一些不规则或剩余的空间出现，尤其是存在一定倾斜角度的建筑空间。

往往这些空间需要设计师别出心裁，构想出一些有效的方式来对其进行安排或利用。如融入过道或走廊，融入办公室或办公区域，布置艺术品或绿植，临时放置椅子等。当然，这种平面布局中的非办公功能区必须获得客户认可才行。最好将这些空间与办公功能相关联，如档案室、工具间、临时办公室等。

★补充要点★

设置必要的安全疏散设施

办公空间中地下室和半地下室的防火分区内应设置两个以上的安全疏散出口。有两个及以上防火分区时，相邻防火分区之间的防火墙上应设有防火门。

（1）疏散楼梯间　楼层之间应设置疏散楼梯间，各楼层疏散楼梯间应设置在同一垂直位置上。并且楼梯间的入口处应设置前室、阳台或凹形走廊等。前室与楼梯间的门需设置乙级防火门，每层楼梯的宽度按通过人数计算，每 100 人不小于 1000mm，楼梯最小净宽应为 1000 ~ 2000mm。

（2）疏散照明　疏散照明应设置在楼梯间室内墙面上、走廊墙面或顶棚下、厅和大堂的顶棚或墙面上、楼梯口和疏散口的门上等。

（3）疏散导向指示　疏散导向指示灯应设置在疏散门的顶部，疏散走廊、走廊转角处距地面高度 1000mm 以下的墙角位置上。注意走廊内的疏散导向指示灯之间的距离应小于 20m。

2.2 办公人体工程学

2.2.1 人体工程学概念

不同国家对人体工程学有不同的称谓。在欧洲有人称之为工效学、人类工程学，美国称之为人类工程学、人因工程学，日本称之为人间工程学。而我国目前除使用上述名称外，还译成宜人体学、人体功效学、人机工程学等。

人体工程学（Ergonomics）起源于欧美，主要以人为主体，运用解剖学、生理学、心理学等诸多手段和方法，研究人体结构功能与空间环境之间的合理协调关系。国际工效学会的会章中将工效学定义为："研究人在工作环境中的解剖学、生理学、心理学等诸方面的因素，研究'人——机器——环境'系统中相互作用着的各个组成部分在工作条件下，如何达到最优化（效率、健康、安全、舒适等）的问题。"

人体工程学是研究人以及与人相关的物体（家具、机械等）、系统以及环境的科学。它使事物符合人体的生理、心理及解剖学特性，从而改善工作与休闲环境，提高舒适性和效率。

人体工程学始终贯彻以人为本的设计理念，对人的因素研究最多。最重要的是将人的因素放到"物""环境"这个系统中进行思考。人与物构成"事"，满足人们活动的功能需要；物与环境形成空间；人与空间构成活动的平台；三者之间相互影响与交融，其核心是提高功效，即使物与人、物与环境、人与环境相互协调，以求得工作与生活的舒适、简便、安全、高效（图 2-8）。

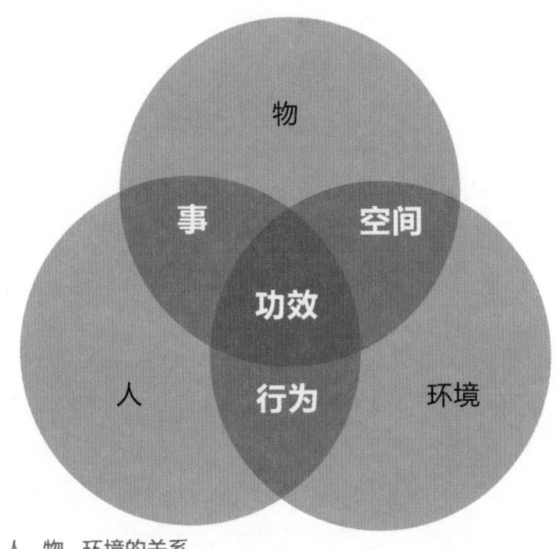

图 2-8　人 - 物 - 环境的关系

2.2.2 人体工程学应用

在工业社会中，在大量生产和使用机械设施的情况下，人体工程学最初被应用于探求人与机械之间的协调关系。

19 世纪末，西方国家的资本主义大生产由于生产任务紧张，出现了部分工人工作效率降低、操作失误的现象，于是有人便开始了人体工程学的研究。在长期实践中反复研究如何减少人在工作中的疲劳，通过减轻疲劳来提高工作效率。

以办公空间中最常见的座椅为例，普通且方正的椅子生产成本低，但是使用舒适度差，在工作中会让使用者感到疲劳，工作效率低。经过设计和改良后的现代多功能座椅会让人感到舒适，提高了工作效率（图 2-9）。

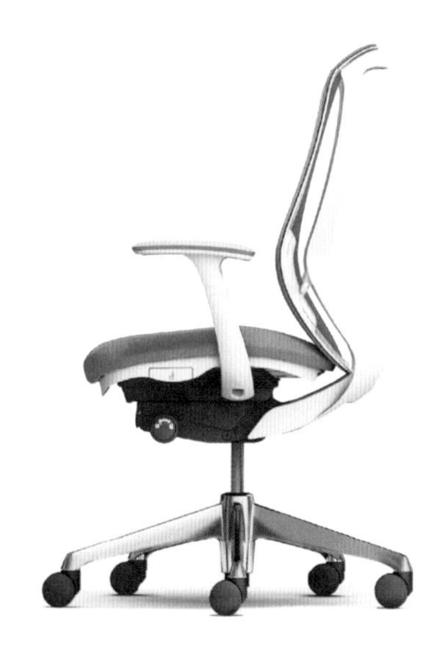

图 2-9　三种座椅

a）木椅子

↑木质结构，椅子造型简洁，适用性强，生产技术成熟，成本低廉，久坐会令人感到不适。

b）软包钢管椅

↑经过软质材料包裹的椅子舒适性好，但是比较沉重，不便移动，不适应交互式办公。

c）人体工程学转椅

↑经过人体工程学研究后设计的椅子，轻巧便捷，能调节角度与高度，适合不同体型的使用者与各种办公环境。

桌子是办公空间中的主要家具之一，需要经过人体工程学研究并设计，在长期发展过程中，办公桌的功能和构造都发生了很大变化，所有结构都围绕使用者来展开（图 2-10）。

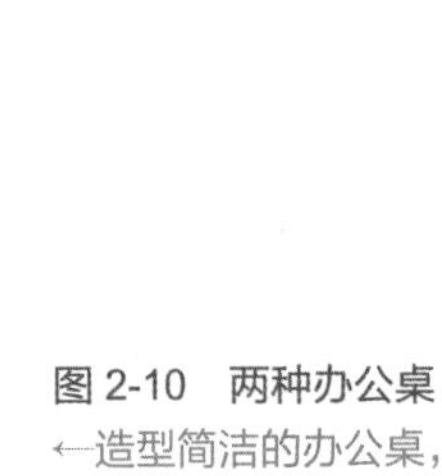

a）简洁单体办公桌

图 2-10 两种办公桌

←造型简洁的办公桌，成本低廉，桌面可用面积小，腿部空间小，储藏空间有限。

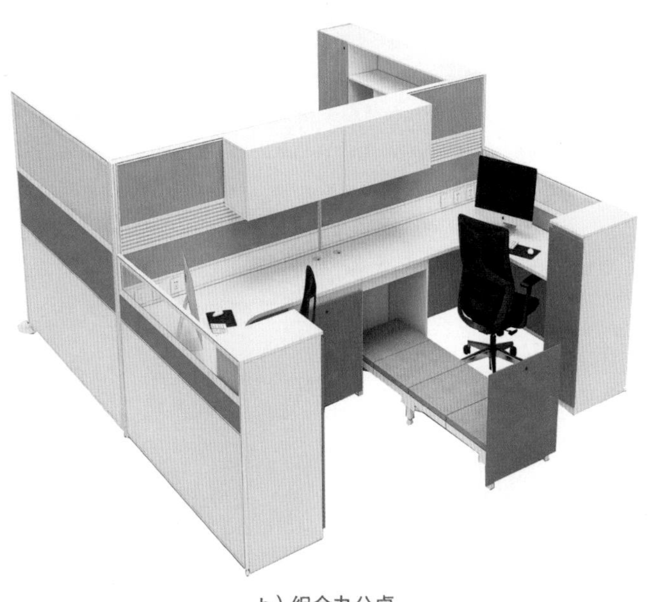

b）组合办公桌

←经过人体工程学研究后设计的办公桌，能形成相互不干扰的独立区域，能组成多种形式，办公桌面呈转角状，高低两级桌面可轻松放置各种办公用品，其中还包含午休折叠床。

★补充要点★

吉尔布雷思夫妇的“砌砖实验”

弗兰克·吉尔布雷斯（1868—1924）是一位工程师、管理学家、科学管理运动的先驱者之一，其突出成就主要表现在动作研究方面。莉莲·吉尔布雷斯（1878—1972）是弗兰克的妻子，她是一位心理学家和管理学家，是美国第一位获得心理学博士学位的妇女，被人称为“管理的第一夫人”。

他们利用当时问世不久的、可连续拍摄的摄影机将建筑工人的砌砖作业过程拍摄下来，并进行详细的分解分析，精简掉所有非必要动作，制定出严格的操作程序和操作动作路线，让工人像机器一样刻板“规范”地连续作业。他们合著的《疲劳研究》（1919 年出版）更被认为是美国“人的因素”方面研究的先驱。

2.3 人体尺寸

建筑空间尺度、家具设施尺度、家具之间尺度，都必须以人体尺度为主要依据，由人体工程学统筹安排。座椅的高度会直接影响到人体的坐姿与人体自身的受力分布，高度不合理会降低工作效率。在办公空间设计中，最基本的问题就是尺度。办公人员的工作空间和活动范围等设计必须参照人体尺寸。常用人体尺寸包括静态尺寸和动态尺寸，在设计中，处于静态工作的空间多参考静态尺寸，如工位；处于动态工作的空间多参考动态尺寸，如会议室、茶水间等。

2.3.1 人体静态尺寸

人体静态尺寸主要指由人体处于固定标准状态下测量得到的尺寸，这也是人体工程学研究中最基本的数据之一（表 2-1）。在办公空间设计中，人体的静态尺寸与人体相关联的物体密不可分，如资料、备设等。主要测量的人体静态尺寸有身高、眼高、肩宽、手臂长等。

表 2-1 人体静态尺寸测量数据

	身高	眼高	肩高	肩宽	双手展宽
立姿测量	H	(11/12) H	(4/5) H	(1/4) H	H
	手指高	人体重心高度	举手到达最高处	柜存物体最大高度	屏风式隔断最低高
	(3/8) H	(5/9) H	(4/3) H	(7/6) H	(33/35) H

（续）

	坐高（下身）	坐高（上身）	坐深	坐姿肘高
坐姿测量	(1/4) H	(1/2) H	(2/7) H	(2/11) H
	坐姿大腿厚	坐姿膝高	肘间距	坐姿臀宽
	(1/10) H	(1/3) H	(2/7) H	(1/4) H

1. 身高

身高的数据可以用于确定通道和门的最小高度（图 2-11）。在身高的基础上，还要考虑人行走时的摇摆幅度，门的高度可在人的身高基础上增加 200 ～ 300mm。

楼梯间休息平台净空高度至少在 2200mm 以上，楼梯过道净空高度至少在 2300mm 以上。这些高度设计应当保证人在抬手过头顶后不会触碰到顶棚。

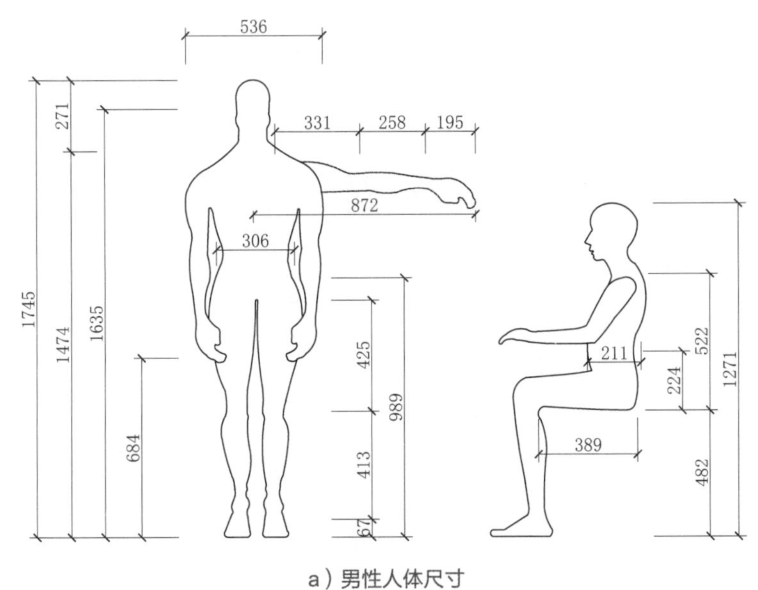

a）男性人体尺寸

图 2-11　我国成年人人体平均尺寸

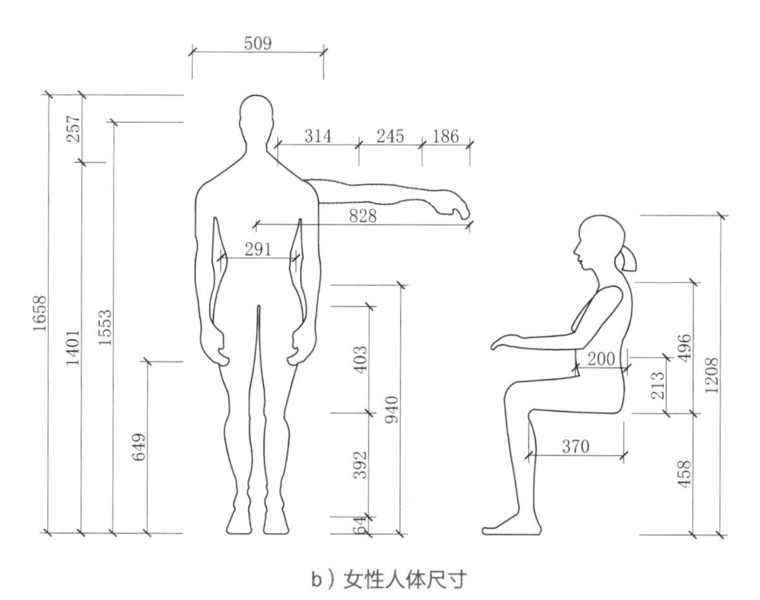

图 2-11　我国成年人人体平均尺寸（续）

b）女性人体尺寸

2. 肩宽

肩宽尺寸可以用于确定排列整齐的座椅之间的间距，同时能确定公用和专用空间通道的宽度（图 2-12 ~ 图 2-20）。例如，一个人的肩膀宽600mm 左右，再考虑人行走时的摇摆幅度（100mm 左右），那么设计一条容纳两个人行走的过道，理想宽度应为 1300mm，在一人行进、一人侧避的情况下，宽度应为 900 ~ 1000mm。

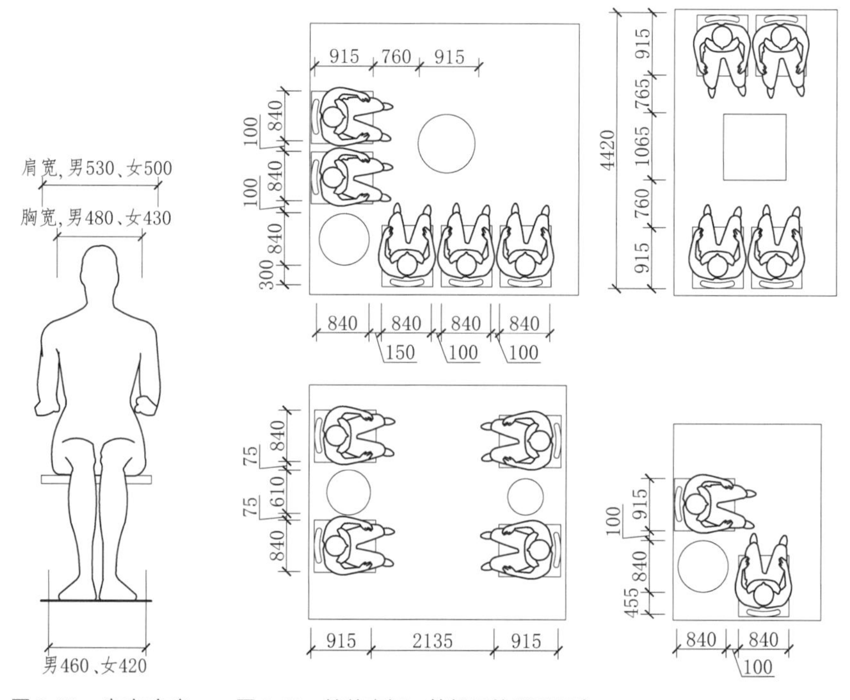

图 2-12　肩宽确定座位宽度

图 2-13　接待空间、等候区的平面尺度

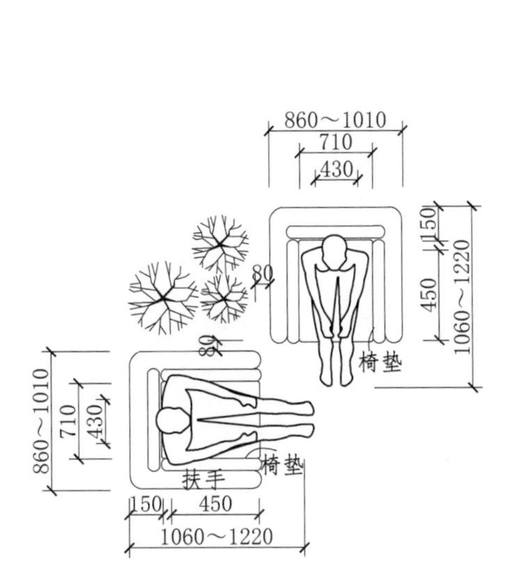

图 2-14　拐角处沙发椅布置

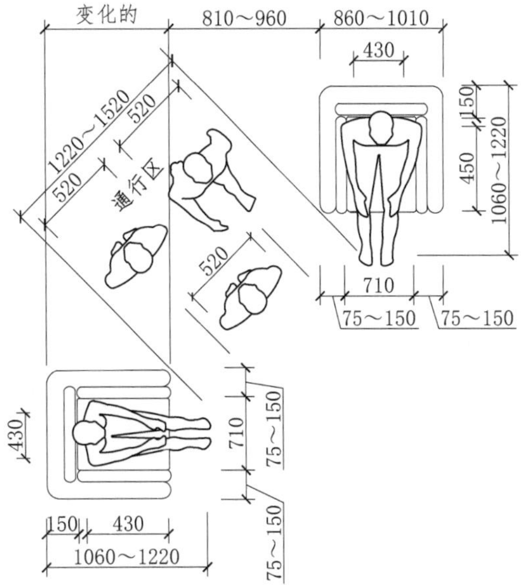

图 2-15　可通行的拐角处沙发布置

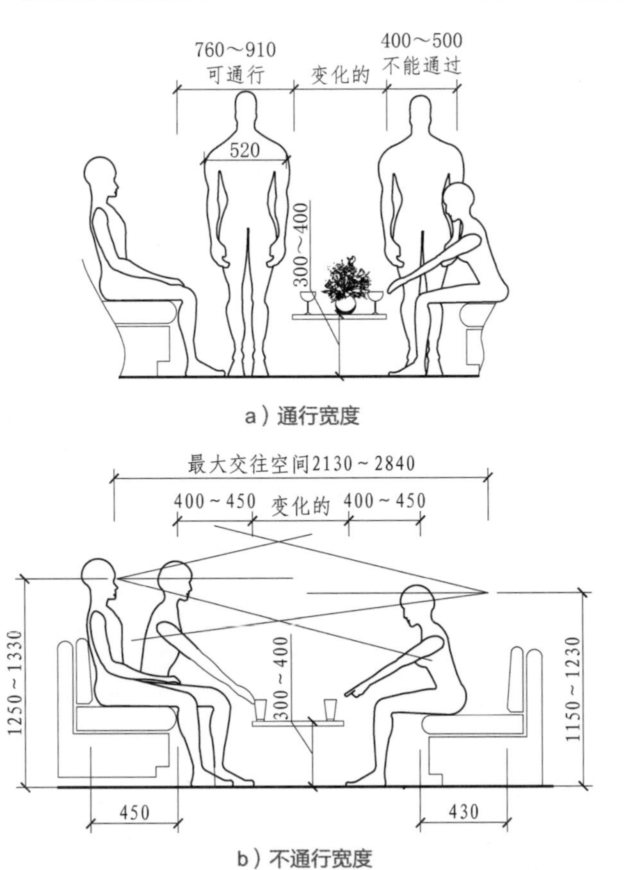

图 2-16　沙发茶几布置立面宽度

↑在沙发上保持坐姿状态，沙发与茶几之间的通行宽度要保持 760mm 以上，而不通行仅保持 400mm 以上即可，这个宽度能满足人在坐姿状态下伸缩收放等动作。

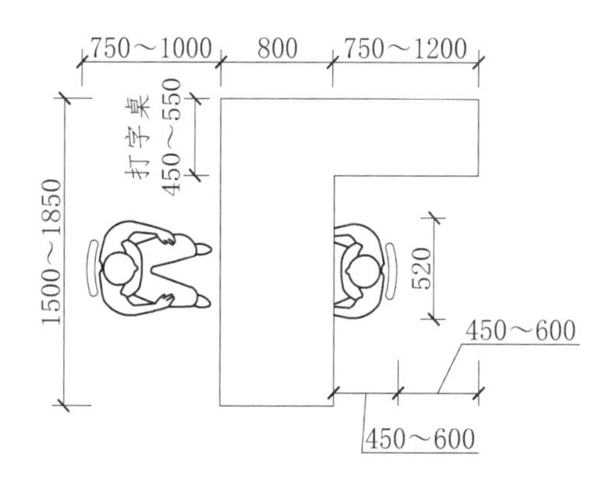

图 2-17 可接待来访者的工作单元

↑接待来访者的桌面宽度要达到 800mm 才比较合适，双方的手部在桌上的活动空间深度各不超过 400mm，能摆放 A4 幅面纸张、文件、笔记本电脑等物品，双方使用不会彼此干扰。

图 2-18 相邻工作单元的常用间距

↑相邻工作单元是最紧凑的办公工位设计，在大多数情况下不会满员使用，个人操作面的宽度要达到 750mm 以上才能保证在办公过程中不会彼此干扰，身体后背与桌边缘之间的尺寸不低于 450mm。

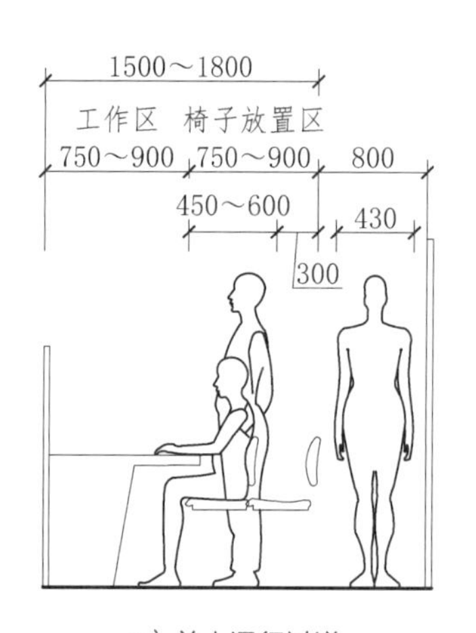

a）单人通行过道

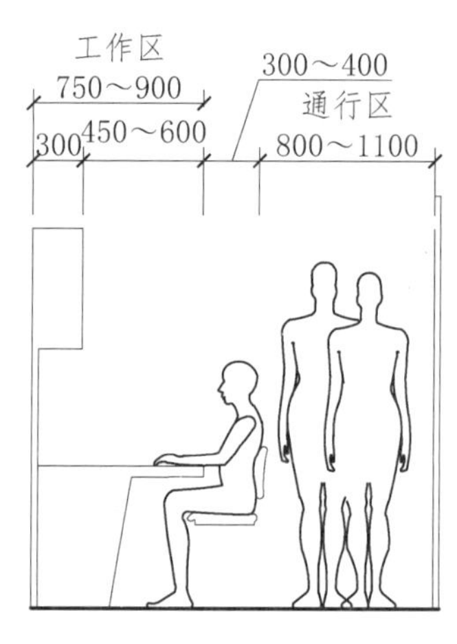

b）双人通行过道

图 2-19　可通行的工作单元应考虑行走所需的空间

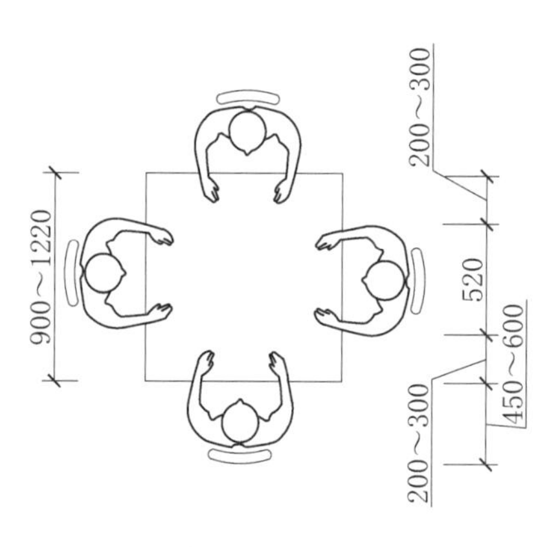

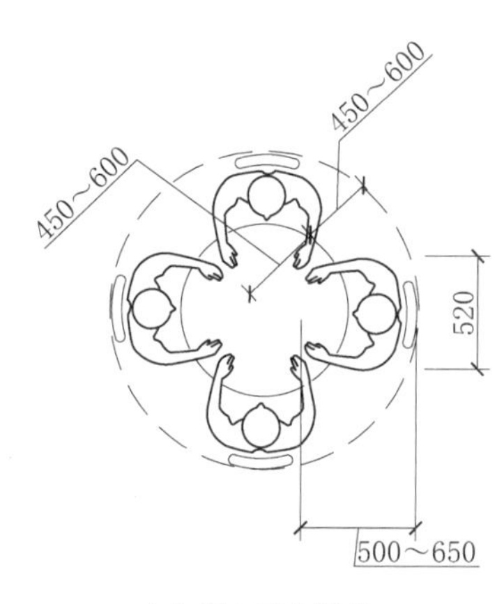

图 2-20　会议桌所需的空间尺度

a）四人方会议桌

b）四人圆会议桌

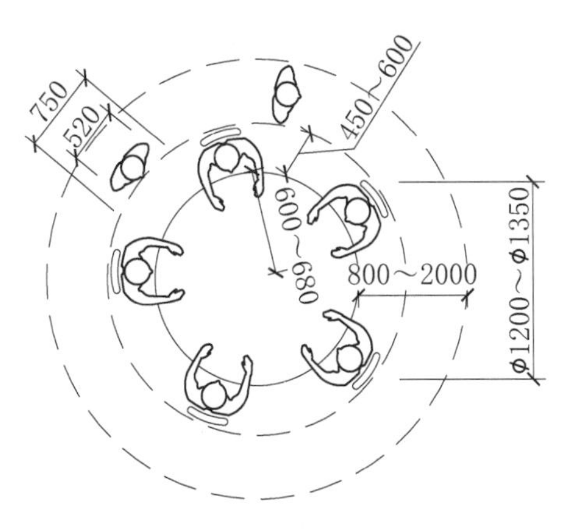

c）五人圆会议桌

d）八人方会议桌

图 2-20 会议桌所需的空间尺度（续）

↑围合型会议桌是方形办公空间的首选，当会议区或会议室的各边长尺寸接近或相等时，就可以采用这种类型的会议桌。围在桌上的人，肩宽为 520mm 左右，左右手臂常规摆动宽度为 700mm 左右，因此要根据 700mm 来设计会议桌的周长或边长。

3. 垂直手握高度

垂直手握高度是指人站立，手握横杆，然后使横杆上升到不使人感到不舒服或拉得过紧的限度为止，此时从地面到横杆顶部的垂直距离。这些数据可用于确定书架、衣帽架、开关、设备控制器等的最大高度（图 2-21、图 2-22）。

但要注意这些人体尺寸数据是没穿鞋测量的，因此使用时必须要根据实情适量加高。

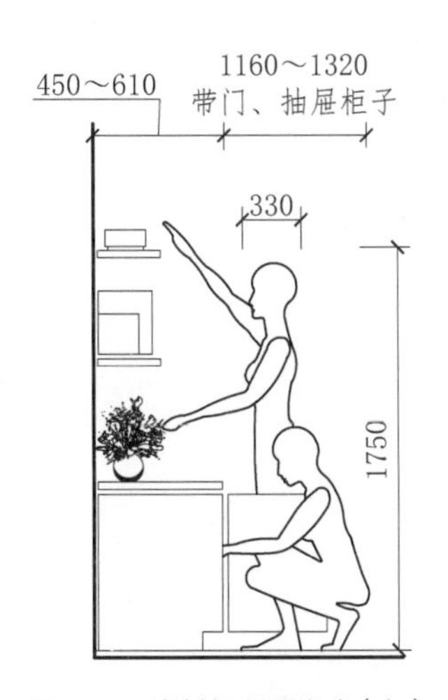

图 2-21 资料柜所需高度（女）

↑女性使用的资料柜设计高度多为 1800mm，女性在站立时所能获取到的最大高度为 2000mm 以下。

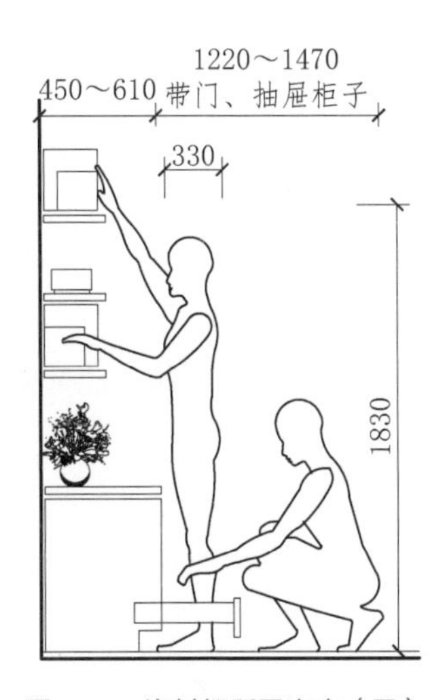

图 2-22 资料柜所需高度（男）

↑男性使用的资料柜设计高度多为 2000mm，男性在站立时所能获取到的最大高度为 2200mm 以下。

4. 向前手握距离

向前手握距离是指人肩膀紧靠墙壁直立，手臂向前平伸，食指与拇指尖接触，这时从墙到拇指梢的水平距离。这个数据用于确定工作台隔板的高度或在办公桌前低隔断上安装小柜的最远距离（图 2-23）。

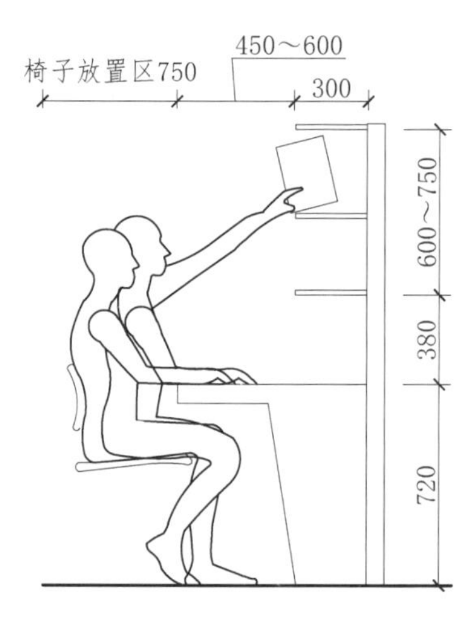

图 2-23　书架所需的空间高度

←书架隔板的深度大多为 300mm，隔板上下间距至少为 300mm，在保持坐姿状态下，人能够获取的最大高度为 1500mm 左右。

5. 坐姿大腿厚度

保持坐姿状态时，人体大腿的厚度是指从座椅表面到大腿与腹部交接处的大腿端部之间的部位尺寸。柜台、书桌、会议桌以及其他办公家具都需要把腿放在工作台下面，其设计要使大腿与大腿上方的障碍物之间有适当的间隙（图 2-24、图 2-25）。因此，这些数据也是家具设计的关键尺寸。

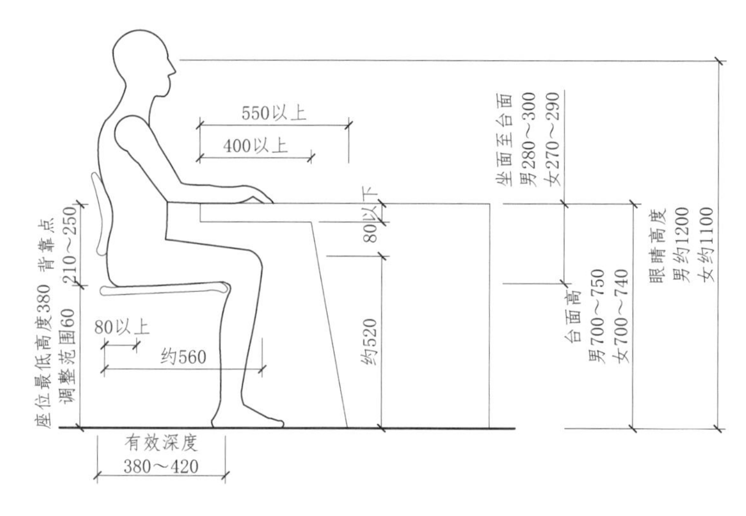

图 2-24　正常工作坐姿的立面人体尺寸

→正常坐姿情况下，各种尺寸数据都应当设计为整数，即尺寸数据的尾数多为 0，这样方便量化各项数据指标，提高设计工作的效率。

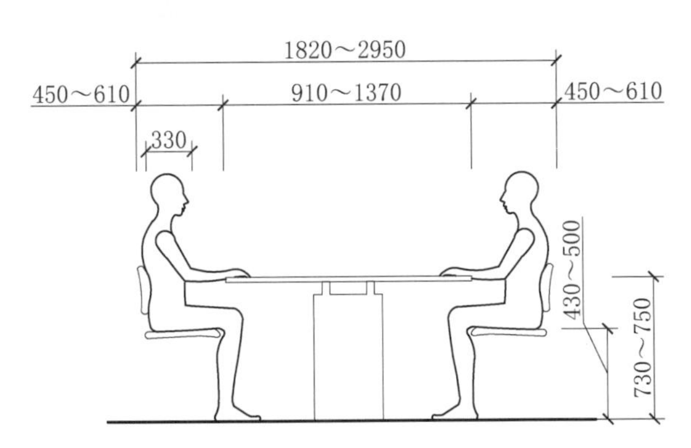

图 2-25 会议桌的立面人体尺寸

6. 眼距和坐姿眼高

人在坐姿状态下，视野角度会有不同变化，能让人集中精力、聚精会神的角度为 30°，视野范围为 65° 和 94° 时，会分别在不同程度上影响注意力（图 2-26）。

办公隔断在一定程度上能够起到隔声和遮挡视线的作用（图 2-27）。隔断的高度有时也具有地位的象征意义，资历越高的办公人员隔断越高，按此逐级下排。隔断设计可以分为三种不同的高度，坐姿与眼睛的高度对于确定隔断的高度非常重要。1200mm 以下的低隔断可保证坐姿时的私密性，站立时又可自隔断顶部看过去；1500mm 的中等隔断可提供更高的视觉私密性，站立时，身高较长的人仍可以自顶部看过去；1900mm 以上的高隔断私密性最高，但会产生一定的压迫感（图 2-28、图 2-29）。

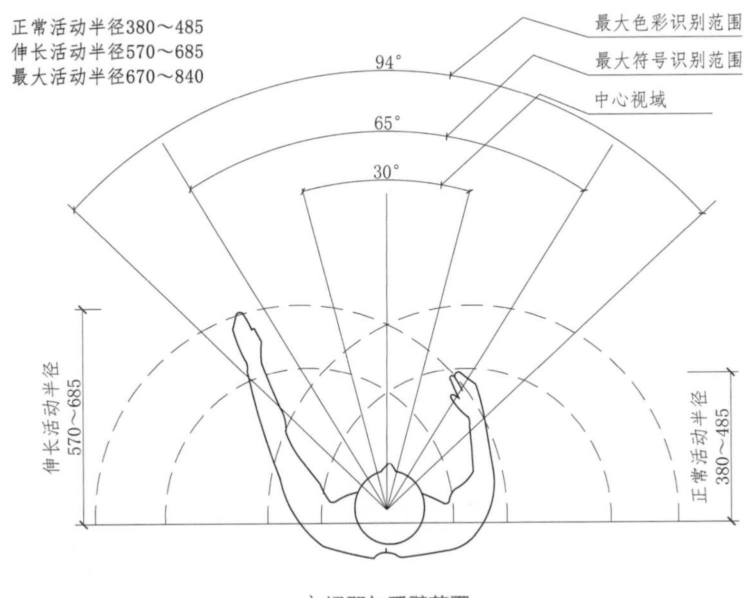

a）视野与手臂范围

图 2-26 坐姿与视野

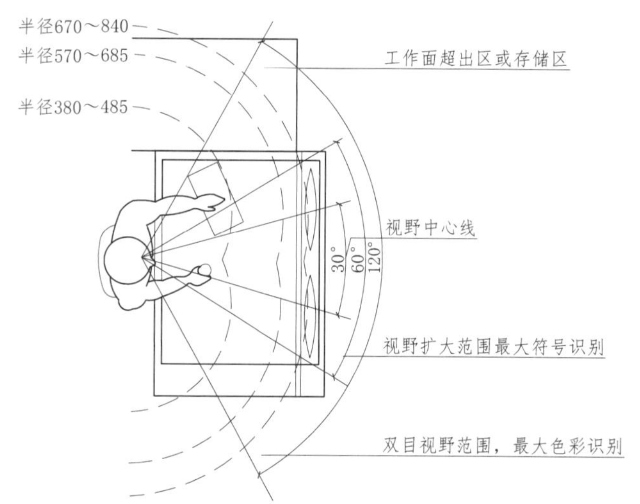

b）视野与工作半径

图 2-26　坐姿与视野（续）

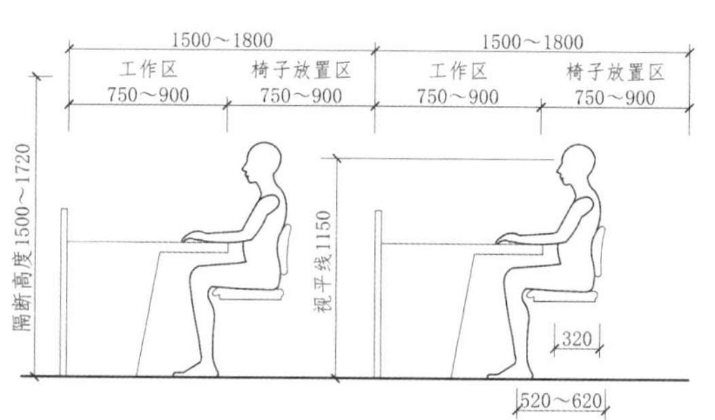

图 2-27　工作台隔断的高度

↑工作区单元形态各异，在立面上要进行模块化设计，桌面深度与椅子放置区深度应均不低于 750mm。

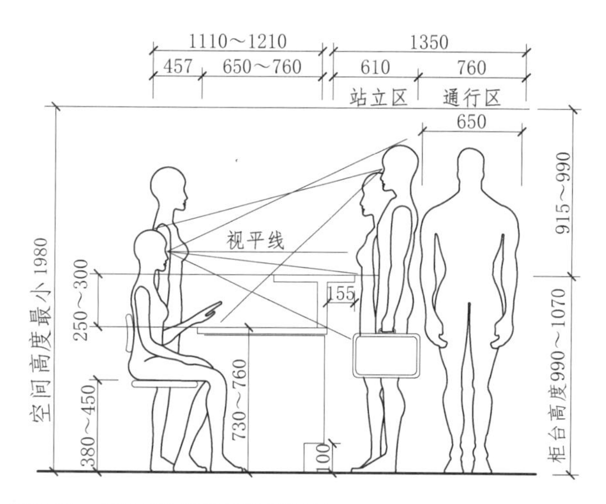

图 2-28　接待工作台和柜台的高度

↑接待台的高度可以分级设计，满足坐姿与站姿两种行为需求，内外功能明显区分开。

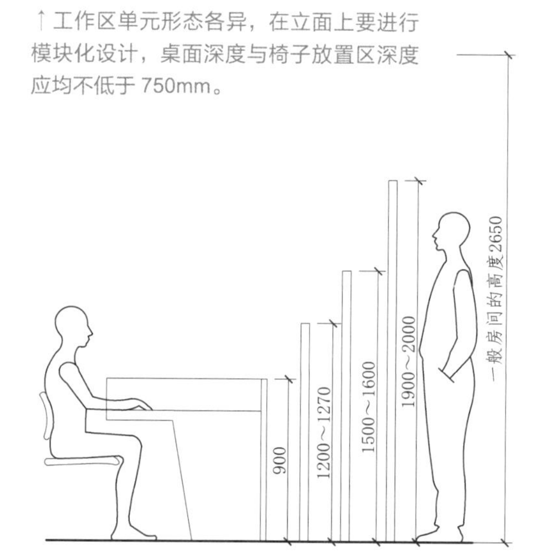

图 2-29　隔断的通常高度

↑隔断高度分为多个级别，分别满足坐姿、站姿、行走动态三种不同使用需求。

★补充要点★

为了更好地坐着工作

（1）选择坐具　坐具的样式、尺度、结构三者都很重要，一些坐具看上去很舒适，但是实际上却让人产生疲劳感，如果坐高与桌面间距不合适，可能还会引起肩胛骨的劳损。

（2）产品设计改良　应用人体工程学原理，对办公座椅进行改良，例如针对颈部结构，在设计靠背处时增加硬质棉芯的组合，方便使用者短暂后仰，能够有效缓解办公人员颈椎疲劳。

（3）正确的坐姿　坐姿的首选当属垂足而坐，让小腿保持垂直状态能舒缓膝盖部位的疲劳。腰部保持向后倾斜 10° 左右，能舒缓上身对腰部的压力，同时也能让头部重量正常传递到肩部，形成良好的重量传递姿态。

2.3.2 人体动态尺寸

人的基本姿势可以分为四种：站立姿势、倚坐姿势、平坐姿势和卧式姿势，这些基本姿势与生活行为相结合，构成各种生活姿势。在办公空间中常用的坐姿为正常坐姿、舒适坐姿、平躺坐姿三种（图 2-30、图 2-31）。

人在坐姿状态下工作时，肢体所需的活动范围就是人体的动态尺寸，它是确定室内空间尺度的主要依据之一。人体动态尺寸又分为四肢活动尺寸和身体移动尺寸两类。四肢活动尺寸是指人体只活动上肢或下肢，而身躯位置并没有变化时所需要的空间尺寸。身体移动尺寸是指姿势改换、行走和作业时所需要的空间尺寸。

↓正常坐姿倾斜角度为 2° ~ 5°，人的身体基本垂直，颈部角度正常，头部重量直接传递到身体上，坐姿轻松，人与桌子、家具之间的关系比较适宜，能轻松获取桌面上的办公用品与各种文具，这种坐姿适应办公空间座椅的常见角度。但是人体臀部承载的重量较大，同时容易引发腰部肌肉疲劳，久坐后容易引起腰椎不适，降低工作效率。

↓舒适坐姿倾斜角度为 7° ~ 11°，人的身体向后倾斜，颈部保持垂直，头部重量会对颈部造成一定压力，坐姿比较轻松，人与桌子、家具之间的关系也比较适宜，这种坐姿能适应办公空间座椅的调节角度。但是人体颈部承载的重量较大，同时容易引发颈部与肩部肌肉疲劳，久坐的话需要对颈部进行一定支撑。

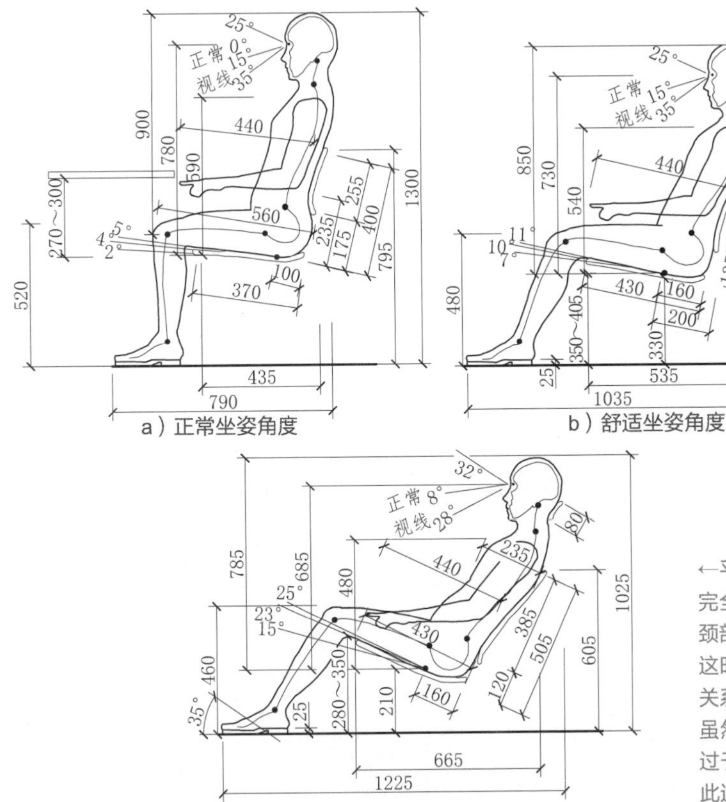

a）正常坐姿角度

b）舒适坐姿角度

c）平躺坐姿角度

←平躺坐姿倾斜角度为 15° ~ 25°，人的身体完全向后倾斜，颈部仍要保持垂直，座椅必须有颈部支撑构件，分解头部重量对颈部造成的压力，这时坐姿非常轻松，但是人与桌子、家具之间的关系疏远，不方便获取桌子上的办公用品和文件。虽然人的身体重量被均匀地分解到桌椅上，但是过于放松会导致注意力下降，降低工作效率，因此这种坐姿只能用于办公休息期间。

图 2-30 不同角度的人体坐姿

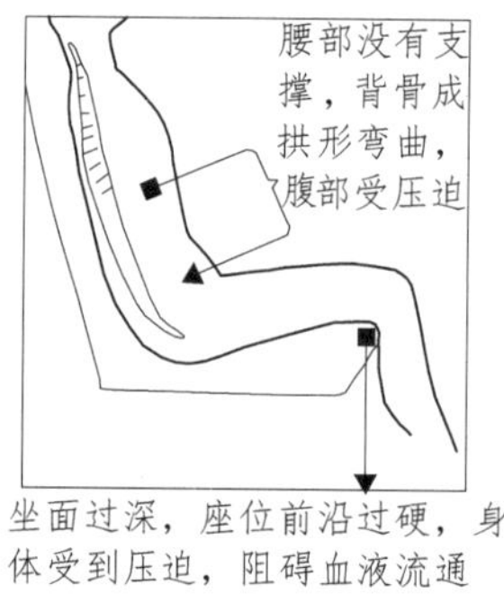

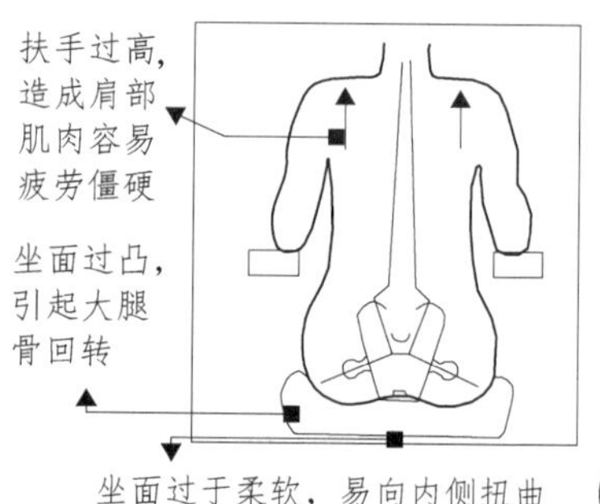

a）错误的人体坐姿示范

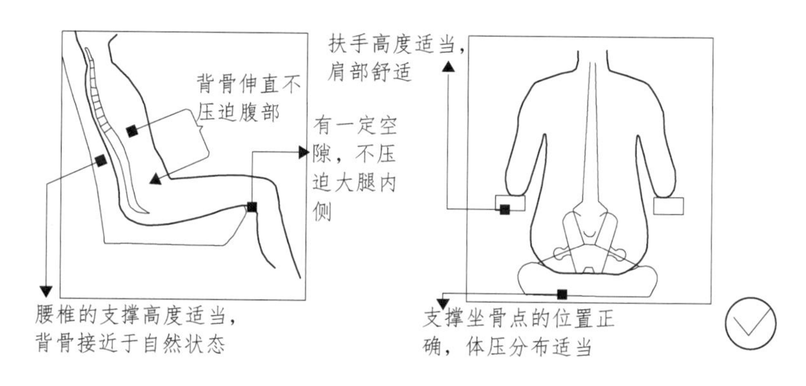

b）正确的人体坐姿示范

图 2-31 人体坐姿示范

不合理的动作会导致工作效率低下，容易招致疲劳，甚至引发事故。设计时可以以人处于不同姿态时，手或足的活动范围和动作的难易程度为依据（图 2-32、图 2-33）。例如，资料柜的隔板高度和区域的划分，衣柜挂杆的高度标准，这些都是以人站立时上肢方便到达的高度为参考的。

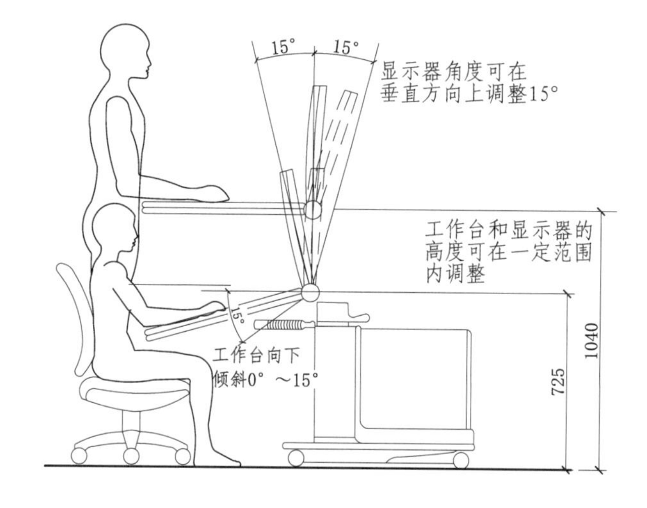

图 2-32 电脑操作台的常用尺度

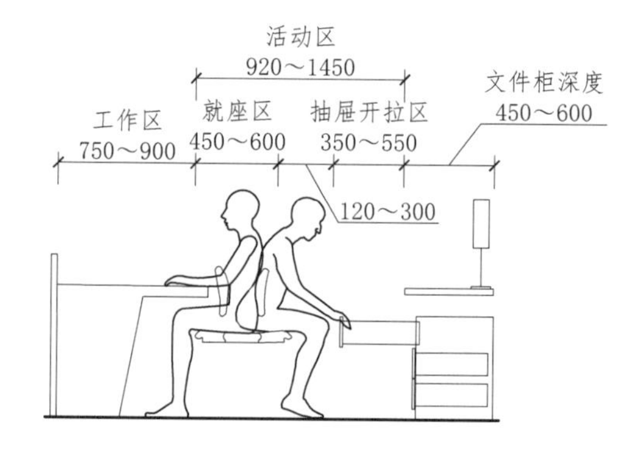

图 2-33 带资料柜的工作单元与取放资料的动作空间

2.4 舒心的工作环境

办公环境设计得是否合理常常会影响到办公流程的质量与效率。改善办公环境、提高效率，已经成为促使企业健康发展的重要因素，这也是办公空间细化设计的必然趋势。

离开良好的办公环境的支持，纵然有完美的战略、高效的流程、先进的技术，也很难提高办公效率。在设计中应当更新办公环境的布置，愉悦、舒心的工作环境会让人感受到快乐，起到事半功倍的效果。

2.4.1 工作环境与心理

人们对工作环境的评价主要来源于自身的感知。影响人感知的重要元素是情绪。人为了方便记忆，思考时会参考之前的其他记忆进行联想，从而引发情绪，并做出相应的反应。美好的联想会产生积极的情绪，反之会产生负面情绪，影响工作积极性。

工作环境偏暗会触发人们灰败、颓废的负面情绪；工作环境明亮会引发阳光、整洁、积极、愉悦的正面情绪。在办公环境中也是如此，桌角硬朗的直角线条会使人联想到规矩，使人潜意识产生严肃的情绪；墙画明媚的色调可以使人联想到阳光，使人潜意识产生兴奋、松弛的情绪。空间形式的具体设计能影响使用者的心理情绪。

办公空间的工作环境主要由家具摆放、色彩、灯光三个方面来决定。工作区家具摆放紧密会让人感到紧张，搭配深色家具更会让人感到压抑，在日光不太充足的白天，如果室内灯光照度不足，更会加剧负面情绪的产生。反之在彩色家具的会议室内搭配充足的灯光，会让人感到轻松愉悦，不让开会、安排工作显得有负担（图 2-34）。

a）严肃、拘谨的工作环境

b）松弛、欢快的工作环境

图 2-34 工作环境引发联想

↑工作环境的色调偏暗会使人联想到严肃、局促的情绪；工作环境的色调鲜亮会使人联想到兴奋、松弛的情绪。

除了具象的空间形象外，人们对于环境的感知还依赖于物理环境。物理环境由温度、湿度、空气流通程度组成。舒适的物理环境能降低人的焦躁情绪。正常情况下，温度 21℃、湿度 50%、风速 1m/s 的环境体感最为舒适。

塑造好办公空间的物理环境是建立舒心工作环境的第一步。目前，好的物理环境不仅可以通过各种人工控湿、控温设备来完善，还可以通具体的环境设计方案来实现。如在办公空间中增加水景、绿植，增添加湿器，增加开窗面积，强化通风降湿降温等（图 2-35）。

a）绿植加湿　　b）日照、朝向控温

图 2-35　建立良好的办公空间物理环境

↑观叶植物能提升环境空间的湿度，在办公空间边角适当搭配观叶植物能缓解视觉疲劳，同时增加空气湿度。在日照充足的部位设计休闲座椅或沙发，能提升人的正面情绪。

2.4.2　环境心理的应用

在室内环境中，人与人之间的心理和行为有着较大差异，但从总体上分析，仍然会发现一些共性。在办公空间设计过程中，应当照顾到人的这种心理属性，赋予空间环境人性化的亮点。

1. 个人空间

每个人都有对空间的占有感，希望拥有自己的个人空间。这个空间在心理上应当非常宽广，但是又希望边界围绕在每个人周围。只有当空间形态与尺寸符合人的心理时，才能产生这种空间心理。

通常个人空间需考虑与他人交流的合适距离，根据人际关系的密切程度和行为特征，可以将人际距离分为亲密距离、个体距离、社会距离、公共距离四种形式。具体的人际距离与行为特征见表 2-2。

表 2-2 人际距离与行为特征表

距离分类	近程距离与表现	远程距离与表现
亲密距离（0 ~ 0.45m）	0 ~ 0.15m，拥抱和其他全面亲密接触的活动距离	0.15 ~ 0.45m，与关系亲密的人的交往距离，如耳语
个体距离（0.45 ~ 1.2m）	0.45 ~ 0.75m，相互熟悉或关系交好的朋友、情人之间的距离	0.75 ~ 1.2m，一般朋友和熟人之间的交往距离
社会距离（1.2 ~ 3.6m）	1.2 ~ 2.1m，不相识的人之间的交往距离	2.1 ~ 3.6m，商务活动与礼仪活动的距离
公共距离（> 3.6m）	3.6 ~ 7.5m，演讲者和听众之间的距离	> 7.5m，借助扩音器演讲、大型会议等处出现的距离

人与人之间在交流、沟通时，位置的差异会给人带来截然不同的心理感受。人与人之间距离的远近，也是心理尺度的体现。在办公空间设计中，利用人际距离的特征来合理布置座位，应当充分照顾到办公人员的心理感受。不同的座位布置方式给办公人员的心理感受是不一样的（图 2-36）。

a）会议式

b）组合式

c）单元式

图 2-36 办公桌的三种不同形式

↑会议式办公桌适合少数人员集中办公，彼此间需要合作；组合式办公桌占地面积最小，能合理运用办公空间，同时能加强人员之间的联系；单元式办公桌能保持互不干扰，适合独立性较强的工作。

2. 领域性

人们通常会习惯于保持自己的生活领域，具有强烈的领地意识。人在办公环境中工作，会力求自己不被外界干扰或妨碍。

领域性主要在于空间范围，一般领域可划分为私人领域和公共领域。而公共领域不能仅一个人占有，任何人都有权进入。现代办公空间设计需要解决的是在公共领域中建立半私人领域，对工位进行围合或半围合设计，打造出强烈的领域感，让工作人员具有独立思考的空间。

开敞式办公区座位的分隔，要根据具体情况采用高低不等的隔断隔开，或利用一定高度的间隔物进行分隔，使人从心理上感到自己的个人空间或者私人领域并未受到侵扰（图 2-37）。

a）虚拟隔断

b）通透隔断

c）单元隔断

图 2-37　利用隔断划分空间领域范围

↑虚拟隔断仅仅在心理上形成空间界定，并没有实质上的分隔，立柱和顶面的环绕给人心理上被包围的感觉，具有一定安全感和私密性。通透隔断多采用落地玻璃，在视觉上有通透感，方便隔断内外视觉交流，同时具有良好的隔音效果。单元隔断多用于特定的功能分区，如会客间、会议室等临时空间，封闭感强，独立性好，具有强烈的安全感和私密性。

★补充要点★

狭小的空间不拥挤

想要使狭小的办公空间不显拥挤，应当针对办公空间进行仔细研究。先研究办公人员在办公桌前的近身活动所需空间，再增加坐、站立、行走、转身等个体活动所需空间的研究，最后将不同人员所需空间进行空间叠加研究。

（1）运用心理习惯　根据不同距离的行为特征合理安排人与人之间的活动间距，通过隔断增加距离。例如，选择有靠背的椅子，增加安全感；划分办公隔断，设计较高的隔断，加大隔断之间的间距，建立依靠感与舒适感，减小空间拥挤感。

（2）提升收纳功能　对日常办公活动进行跟踪记录，随着时间的推移可以发现，超出预期的物品储放是影响空间利用率的主要因素。办公使用的文件纸张尤其容易超出预期，纸张几乎永远呈递增的态势。充分考虑储物收纳的方式是提升空间利用率的重要方式之一。不仅能够有效收纳，还可以减小空间的拥挤感。

（3）改变办公方式　很多办公空间设计充分利用竖向空间，将设计的重心尽可能多地转移到墙上，但是这种方式难免会在视觉上显得拥挤。可以根据具体办公活动的需要，改变工作方式，面对并不开敞的办公空间，可以尝试改变局部办公空间或单元办公空间的面积，将原本开阔的大办公空间分隔为多个小办公空间。还可以将原本需要坐着的办公桌改成站立式办公桌，如共享打印区的家具可以不设计座椅，减少了占地面积，当操作打印机累时，可以坐在过道边的高脚椅上休息。

3. 私密性

私密性涉及的空间范围很广泛，包括视线、声音等方面的阻隔要求。人在工作时需要有一定的活动空间，其设计是否合理，直接关系到人的工作效率。设计个人单独的工作空间时，除了要考虑具体的工作活动范围，还要着重考虑空间范围内的行为方式、私密性与安定感（图 2-38）。

屏风式办公桌挡板的高度一般为桌面高度加上 300 ~ 400mm。伏案工作即为独享空间，抬头或站立时便可与同事沟通、交流。

同时，办公空间中的各种办公设备尺寸不一，设计时应考虑人与设备的关系，分析人的心理承受度。

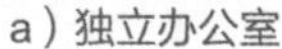

a）独立办公室

b）集体办公室

图 2-38 办公空间私密性

↑独立办公室内的家具配置要齐全，除了个人桌椅外，还要配置来访人员的座椅或沙发以及必要的电器设备。集体办公室要注意家具排列整齐，尽量减少占地面积，拓展交通流线空间。

2.4.3 常用人体尺寸的应用

人体工程学的主要目的在于提高室内环境质量和工作效率。通过对人的生理和心理的正确认知，使办公环境适应人工作活动的需要。人体工程学在办公空间设计中的具体作用如下：

1. 为家具设计提供依据

办公家具必须要安全、实用、方便、舒适、美观，以达到提高工作效率的目的，现代办公家具多为成品件，根据空间布局直接购买或定制即可（图 2-39）。

a）围合布局

b）横排布局

图 2-39　符合人体工程学的办公桌椅设计

↑办公家具的造型、色彩、尺度及其布置方式必须符合人体生理、心理尺度及人体各部分的活动规律。围合布局方便办公人员相互沟通，而横排布局更节约占地面积。

2. 确定人的活动范围

在确定空间范围时，首先要确定空间内的总人数与不同性别的成年人在立、坐、卧时的人体平均尺寸，然后就能定出空间的合理面积和使用高度了。同时还要注意，人在使用办公家具时，其周围必须留有活动和使用的最小空间（图 2-40）。

a）预留工作人员活动空间

b）预留来访人员活动空间

c）确定人的使用高度

图 2-40 确定办公空间范围

↑影响空间大小、形状的因素很多，但最主要的因素还是人的活动范围与家具设备的尺寸数据。

3. 心理行为指导设计

人体工程学除了满足人们工作的基本生理需求，最重要的是研究人在工作过程中的心理需求和行为特征，从而营造高效、舒适的办公环境。人的心理行为可作为空间划分和装饰表现的重要依据之一。

4. 提供物理环境的最佳参数

室内物理环境主要有声环境、视觉环境、光环境、辐射环境等。人的感觉器官能够辨别什么样的刺激物是可以接受的，什么样的刺激物是不能接受的，为室内物理环境设计提供了科学参数，帮助设计师创造出舒适的室内物理环境。

2.4.4 工作压力与创造力

工作中，很多时候创造力的发挥是很少的，压力也都仅靠办公人员进行自我调节。通常压力与创造力的产生与人们所处的空间环境有关。

在办公空间中的活动日复一日、年复一年，时间会慢慢耗尽所有人的精力、新鲜感。对于办公空间的设计，设计师要考虑功能、视觉形式乃至成本造价。

除去睡觉时间，办公人员几乎将大部分时间都花费在办公空间中，如果办公环境能使人产生强烈的归属感，就能促进员工们的交流沟通、减缓工作压力。

想用设计降低工作压力，在空间布局上应当打破常规，将直线形空间布局变得丰富有层次感，注入弧线造型或对空间进行多层分隔，让有限的空间变得多样化，能让一个人处于不同的环境氛围中，舒缓疲劳与紧张感，同时还能激发人的创造力。

例如，一部分办公室设计有餐饮区，员工可以在此冲调咖啡、热饭菜或聊天；一部分办公室设计有健身房、休息间、电话间、冥想室等。其实这些都是为了给员工减压而进行的人情味设计（图 2-41）。

a）露天休息区

b）乒乓球室

图 2-41 增加减压的人情味设计

↑避免空间环境的冷漠，人情味设计是站在员工的角度思考其心理感受。休息区与活动室应当利用建筑室内外的空闲、边角空间设计布置，根据不同空间的形体面积来设计、分配功能区。如休息区可以设计在户外或建筑外延的阳台空间，利用不规则的空间布置各种休闲家具，家具造型的选用也不拘一格。乒乓球室可以是没有窗户的封闭房间，只要加设空调系统就能满足休闲运动的需求。

只有打破常规工作环境，工作人员才有勇气去大胆创新。经过设计的办公环境可以促使办公人员在自己的办公桌上设计自己喜欢的装饰，如小盆栽、留言贴、照片装饰等。这样能增强员工归属感、促进员工之间交流、缓解压力，提高创造力是在办公空间中运用人体工程学的最终目标（图 2-42）。

→办公桌上的盆栽体积不宜过大，应当可以随时更换，变换不同的工作心情。体积过大会占用过多桌面面积，影响办公效率。

a）办公桌上的小盆栽

b）办公桌上的书籍

c）照片墙装饰

图 2-42　设计办公桌装饰

↑工作中常用的书籍多敞开摆放，方便随时取阅，将办公桌与书架融为一体，形成快捷的工作状态，并保持工作活力。

↑墙面装饰除了硬装修造型外，还可以通过照片粘贴、钉接等手法来丰富墙面，将与工作相关的海报、图稿、样品等纸质或实物布置在墙面上，形成浓烈的工作氛围，同时能随时更换，获得全新的工作目标与精神状态。

第3章

办公空间家具选用

识读难度：★★★☆☆

重点概念：各类家具的尺寸、样式、摆放原则

章节导读：办公空间的家具多为成品件，选用家具应遵循以人为本的理念，一切相关的技术与素材都要考虑到人的因素。在选择办公家具时，应将科学与艺术相结合，充分考虑舒适性与实用性。同时，办公空间是办公场所，人在其中主要是为了工作，旨在打造一个美观、舒适、和谐的空间。无论是其家具设计，还是整体装修设计，都应以简洁、大方以及实用为主。相反，复杂的造型、斑斓的色彩、动乱的线条，都会影响到办公人员的工作效率。

3.1 多用途办公桌椅

在办公空间设计中，办公桌椅需要满足基本的使用功能，尽管不同办公环境的机构性质和办公家具的用途可能有所差别，但是在功能分区和主要使用功能方面是差不多的。应当尽可能选择多用途家具，满足不同环境与风格的需求。

3.1.1 办公区桌椅

办公桌椅是办公人员处理事务时使用的基本家具。办公桌的宽度、高度、深度决定了人的业务范围和身体姿势。办公椅的坐面高度、深度、曲面造型、靠背倾斜角度等因素决定了人在坐姿状态下的舒适度和办公效率。办公桌按使用者职务的高低可以分为员工桌和大班台。

开敞式办公空间多使用员工桌组合。它不仅可以为个人提供独立的办公区域，还可以按办公空间面积进行随意组合。办公桌设计应尽量考虑到组合的可能性，以提高空间的利用率和办公效率。

通常情况下，员工办公区需要根据工作需要和部门人数，参考办公空间的建筑结构来设定办公工位的数量和尺寸（图 3-1）。

a）单元式办公桌

b）组合式办公桌

图 3-1　办公区员工桌

↑一般员工桌多为横向或竖向摆设，当空间较大时，可考虑斜向排列等其他方式。开敞式办公区办公桌的组合更需要有新意，才能体现企业的文化与品位。单元式办公桌占地面积较大，员工之间保持一定距离，在协同工作上存在距离感，不方便沟通，但是单元式办公桌储存空间大，能收纳更多办公用品，适用于独立性较强的工种。组合式办公桌能加强员工之间的联系，彼此间交流便捷，占地面积小，但是容易造成相互干扰，收纳的办公用品也少，适用于团队工种。

大班台又称为老板台，属于办公家具中常见的大尺寸的办公桌。大班台的使用者为经理、主管或部门领导，通常这类办公桌的尺度较大，且豪华气派（图 3-2）。

a）古典风格大班台

b）现代风格大班台

图 3-2　大班台

↑办公桌的尺度设计要充分考虑员工的办公活动区域，可以设计屏风或隔断以满足不同职务人员的潜在心理需求。古典风格大班台在心理上给人稳重感，是高层管理人员常用的家具，台面深度达到 900mm 以上。现代风格大班台具有简洁的造型，适用面较广，多为中层管理人员选用。

3.1.2　会议区桌椅

圆形会议桌有利于营造平等、向心的交流氛围；正方形、长方形会议桌也基本具备这种感受，但更注重仪式感；船形会议桌比较适合区分参会者的身份和地位（图 3-3）。

a）长方形会议桌

b）圆形会议桌

c）正方形与椭圆形会议桌

图 3-3　会议桌造型

↑常见的会议桌造型有正方形、长方形、圆形、椭圆形、船形、跑道形、回字形等；可以根据需要安排 3 ~ 6 人的小会议桌，方便办公人员及时讨论解决工作上的一些问题。

通常会议桌的大小取决于实际需求，还要结合会议室的空间形状来选择，同时还要考虑会议桌四周的流动空间。会议桌的座位数应根据人的活动尺寸计算，一般在两座位间至少应保持 150mm 距离。从会议桌边缘到墙面的最小距离应为 1280mm，这是参会者进入座位通过的最小宽度。如果会议桌周边还有其他家具或构造，还需要额外计算。

3.2 柜式办公家具

柜式办公家具包括资料储存柜、书橱、办公桌等，常用于办公区、接待区、管理人员办公室等空间。对于柜式家具应当预先定下办公空间的整体设计风格或是空间基调，如暖色调或冷色调，也可以找准一套色，选用其中的浅、中、深三种颜色，搭配黑、白、灰来调节色彩对比效果。

3.2.1 表面处理

柜式办公家具中常见的材料有木材和漆面金属两种（图 3-4、图 3-5）。大多数制造商会提供一套有着多种选择的中性色调标准色样，而色样往往需要 3 ～ 5 年更新一次。

图 3-4　木材储藏柜

↑一般木材会被加工制造成各种家具，如橡木、胡桃木、樱桃木、桐木、梧桐木和枫木等，而实际上家具生产商多使用胶合板、纤维板等成品人造板材来制作家具。

图 3-5　漆面金属文件柜

↑金属柜式办公家具的表面涂料通常为氟碳漆，在无尘室里用静电喷涂工艺制作而成。

其他柜式家具材料包括塑料层压板、玻璃柜门、金属材料等，许多办公家具要综合考虑生产成本和美观效果，制作时会将多种材料混合搭配，如金属和塑料搭配，木质板材与玻璃搭配等（图 3-6）。

图 3-6　不同家具材料的柜式

↓金属材料视觉上较冰冷，需要彩色塑料柜门装饰，木质材料通常为 PVC 贴膜，表面为经过调整处理的木纹图案。

a）金属与塑料混合储物柜

b）带玻璃柜门的书柜

3.2.2 风格款式

目前柜式办公家具的款式风格繁多，家具生产商都能提供 1 ~ 2 种款型，搭配多种风格款式，但是区分时依然根据款型分为传统风格家具、现代风格家具，金属家具、其他材料家具等。每个家具生产商都会制定成套的产品目录，供设计师和客户查阅，方便采购。

1. 资料储存柜

资料储存柜是办公空间中用于储存文件资料的家具。这类家具大多为直接购买或现场制作（图 3-7）。资料储存柜大多有固定的尺度，如高度一般为 1200mm、1800mm、2200mm，宽度多为 800mm，深度多为 300mm、400mm。开门的推拉角度多为 45° 和 90° 。现在大部分资料储存柜都有现成品，选择时要根据空间布局确定家具尺寸。

a）分散定制资料柜

b）集中定制资料柜

图 3-7 资料储存柜

↑无论是直接购买的方式还是现场制作的方式，都应考虑满足合理的存储量，并尽量节省空间。高度 1200mm 的资料储存柜多放置在过道旁，放置各种杂物，现成定制的资料储存柜多从地面制作到顶棚，具有超大存储空间。

2. 书橱

虽然书橱的深度不可能有办公桌深，但由于其能够提供比办公桌更多的储藏量，因此书橱的价格要远比办公桌高（图 3-8）。

a）过道书橱

b）独立办公室书橱

图 3-8 书橱

↑书橱通常被直接安置于办公桌后，靠墙放置，办公桌与书橱之间的距离要保证使用者的座椅能在此中旋转。

3. 办公桌

办公桌是办公人员的主要办公区域（图 3-9），办公桌的细节构造并不会影响办公空间的空间布局关系，但在设计过程中必须被考虑到。独立办公桌要考虑各个立面的造型美观，组合办公桌要考虑功能的分配。

a）独立办公桌

b）组合办公桌

图 3-9　办公桌柜子和抽屉

↑独立办公桌的特征在于具有底柜的柜体部分，各个面都设计有开门或抽屉，能满足多种使用；组合办公桌的遮脚板部分与抽屉柜之间的关系要处理好，避免在空间上产生矛盾。

★补充要点★

办公屏风的设计要求

办公屏风的设计分为功能和外观两方面，功能设计直接影响到使用效果，在选择或设计屏风时，应注意以下几点：

（1）符合人体工程学　台面距地面的高度分级设计，根据不同办公空间的使用需求设计高度尺寸，不能让人轻易产生疲劳或身体不适。

（2）连接稳固　办公屏风是由各部件组装而成的，多用成品金属连接件与螺钉固定，固定关系是金属与金属之间旋转挤压受力连接，而非金属与其他材料多采用黏结剂连接，连接部位配件越少越好。

（3）线路管理　大多数办公屏风为多人组合，如果线路散乱放置，会影响正常办公，设计时要优先考虑隐藏式双向布线功能，将不同类型的线路归类、统一放置。

（4）结构简约　办公屏风追求实用性，在结构设计上无须过于烦琐，抽屉或柜子可按客户的办公性质灵活搭配。

（5）安装挂板　在屏风垂直面上安装带孔挂板，可以在挂板上放置一些随时需要使用的办公用品，使桌面整洁、有序。

3.3 家具摆放的形式与原则

办公家具具有可移动与不可轻易移动的特性，这就限定了办公家具在办公空间中的使用方式。办公家具的摆放不能脱离统一的室内空间组合。因此，设计师必须了解办公家具的特点、种类，把握办公家具合理的布局原则，充分利用办公家具来打造丰富、舒适的室内空间形态。

3.3.1 选择要点

1. 选择合理耐用的材料

办公家具材料除了满足实际使用功能外，还应当保证耐用，且结构合理，只有这样家具才能牢固、安全，且易于搬动。

现代家具材料的主流仍然是木材，木材经过加工后具有多个品种，常见的为纤维板、刨花板、胶合板、实木与多材质。纤维板、刨花板成本低廉，适用于中低端家具，如今在中高品质的办公空间中几乎不用。胶合板家具能在高温下弯曲变形，形成丰富的造型，满足工厂批量化生产的需求，能大幅度提升家具的设计感，整体成本较低。实木家具虽然加工也是机械化生产，但是对于复杂造型仍需要人工制作，整体成本较高，但是纹理真实，视觉效果独特。多材质家具以某一种材料为核心，增加塑料、皮革、金属材料，形成丰富的使用功能与视觉效果，但是价格较高，在办公空间中的应用比例较小（表 3-1）。

表 3-1　主要办公家具材料

名称	图例	材料构成	造型特点	使用位置
胶合板家具		原木薄切后，多层加胶叠加压合而成	材料不变形或少变形，色泽均匀；饰面可漆各种涂料，可做各种造型，贴各种材料	适用于普通办公空间，是普及率较高的办公家具
原木家具		松木、杉木、柳木、杨木、红木、花梨木等	造型丰富，色泽自然，且纹理清晰而富有变化，具有韧性和透气性	价格昂贵，很难大量普及，常用于领导办公空间或风格空间点缀
多材质家具		由金属、木材、胶合板、塑料、石材、玻璃、人造皮或真皮等两种以上的材料构成	质感丰富，且可取各材料优点，在形式、用途、使用效果方面具有相当优势	这类家具能以不同材料满足使用者对家具不同部位的不同要求，常作为沙发、座椅等

2. 满足使用功能

办公家具应当使使用者身体的各部分都是方便、舒适和安全的。办公桌的设计必须考虑办公设备、工具（U 盘、绘图板、纸张等）的存放。如可收纳键盘的办公桌、可任意升降的多用途办公桌椅、可随意移动电脑机箱的收纳架等。这些都是为了提高人们的办公效率，或用于各种特殊用途（图 3-10、图 3-11）。

图 3-10　多功能高脚椅

↑高脚椅能够抬高使用者的视平线，坐起来更加方便和舒适。

图 3-11　白板

↑白板能够满足办公书写功能，辅助人们进行会议讲解。

3. 符合办公单位形象

办公家具作为办公环境的重要组成部分，有着不可忽视的作用，办公空间设计的重要任务就是塑造办公单位的整体形象。办公家具的形式不但要经济、实用、美观，还应与办公业务性质与单位形象一致，此外还要保持协调和点缀的作用。

如果办公家具过分追求复杂的造型，反而会使人觉得缺乏实用性或时代感。造型活泼奇特的办公家具用在特殊行业能够起到意想不到的效果。中式、西式风格明确的办公家具，用在传统文化单位，能够加强其潜在的业务形象（图 3-12）。

↓设计和选用办公家具时，一方面应以实用简洁为主，可体现办公单位的高效率和务实作风；另一方面应根据单位业务性质及个性特征选择适合的造型，要能体现本单位独特的形象。

a）接待区家具

b）小型会议区家具

图 3-12　家具的设计与选用符合办公单位形象

4. 与整体办公环境协调

办公家具是具有较大的可变性的家具品种。设计师要利用家具布置的灵活性，调节空间区域的使用功能，提高空间的利用效率（图 3-13）。

a）会客区家具

b）办公区家具

图 3-13　办公家具与整体办公环境相协调

↑办公家具具有一定的固定性，家具布置一旦定位、定型，房间的使用功能、人们的行动路线、空间艺术趣味等都会相对固定。会客区家具多选用轻奢风格，让来访客户感受到办公空间的尊贵华丽，提升整个办公环境的品位与档次。办公区家具力求简约，造型多为几何形，但是地面搭配地毯，与软包座凳形成呼应，表现出舒适柔和的视觉效果，与会客区的环境氛围形成呼应。

3.3.2　摆放原则

摆放完好的办公家具不仅能够提高员工办公效率，还能使整个办公空间更加整洁。办公家具的摆放不仅与舒适度有关，还与本身的实用性相关。

1. 实用原则

办公空间的桌椅、文件柜、沙发、茶几等摆放要从实用角度出发，满足基础使用功能（图 3-14）。

a）紧凑厨房家具

b）高隔办公家具

图 3-14　遵循实用原则的办公家具设计

↑厨房家具属于办公空间中的休闲家具，占地面积小，满足使用功能即可；办公桌上的高隔板用于过道旁，将办公区与过道区区分开。

2. 舒适原则

办公空间的舒适与否会直接影响办公人员的办公效率，应当在长期停留的空间多设计软包家具（图 3-15）。

a）休闲秋千

b）会议卡座

c）单边沙发

图 3-15　各个办公空间的休闲区设计

↑设计师要注重休闲空间的设计，办公家具的摆放要考虑到紧凑感，长时间使用的家具要考虑采用软质材料包裹。

3. 生态原则

对于大多数上班族来说，长时间停留的地方除了家里就是公司，因此办公家具一定要健康环保，在条件允许的情况下多采用原木，表面涂饰的涂料比较单一，多为水性木器漆，毒害物质挥发性小（图 3-16）。

a）公共办公区

b）会议区

c）餐饮区

图 3-16　家具环保材料设计

↑→办公家具一定要健康环保，采用无毒无害无污染且符合国家“绿色标准”的家具材料，减少甲醛、苯带给人体的伤害。原木构造可以大量使用在墙面、家具上，表面涂饰 1 ~ 2 遍水性木器漆即可。

3.4 工作位布置方式

工作位又称为屏风工作位，主要是由屏风和办公桌组合成的整体办公桌位，现代工作位组合越来越多为成品件，屏风外框为铝合金框架，表面为麻绒布、三聚氰胺饰面，具有多种颜色可选择，可以与不同的设计风格搭配。屏风顶盖、边盖、踢脚板全部使用铝合金制造，办公台面是由屏风与各种配件连接支撑，附带抽屉与文件柜，办公室屏风框架底部有水平高差调节脚，可根据不同地面高度差进行调节。办公桌的主材为高密度纤维板或刨花板，表面的三聚氰胺饰面防挂耐磨，颜色也有多种选择（图 3-17）。

图 3-17　屏风工作位

↑屏风工作位是现代办公空间中最常见的成品办公家具，占据办公空间较大面积，屏风的款式多样，颜色多种，可根据不同工作性质，让办公人员按部门分类，进行相对集中化的办公。屏风可以提高工作效率，为办公人员提供舒适的工作环境，充分利用有效空间，具有较强的空间灵活性和经济性。屏风还具有良好的吸声和隔声效果，能规整过道布局。

3.4.1　主要材料

1. 铝型材

铝型材具有耐酸、耐碱、防腐的特性。表面处理为氧化或喷涂，其中阳极氧化工艺视觉效果好，不易褪色，但是价格较高，一般用于边框支撑构造。

2. 玻镁板

玻镁板又称为氧化镁板，是性能稳定的镁质胶凝材料。具有防火、防水、无味、无毒、不冻、不腐、不裂、不变、不燃、高强质轻、施工方便、使用寿命长等特点。装饰面平整度高，质地均衡且有一定抗压能力。

3. 装饰刨花板

装饰刨花板的厚度一般有 18mm、20mm、25mm 三种，其中 20mm 的运用得最多，内部为刨花板，表面模压 PVC 装饰层，具有多种颜色与纹理，是工作位的主要围合、衬托、支撑材料，一般用于柜体与桌面。

4. 布料

布料为双面织造麻绒，具阻燃、耐污、不褪色、不起毛粒等优点。

5. 玻璃

在工作位中使用的玻璃主要分为普通玻璃和钢化玻璃，厚度为 4 ~ 5mm。从装饰效果来看，又分为透明玻璃、磨砂玻璃、压花玻璃、彩釉玻璃等。

6. 冷轧钢板

用于屏风的外装饰面，采用冷轧钢板，表面经过静电喷涂处理，如想更好地衬托屏风的整体美观性，表面可进行冲孔、冲凸等处理。

屏风工作位的围合材料较多，材料面积大，一般用铝型材作为主要支撑结构的材料，玻镁板作为辅助支撑结构的材料（图 3-18）。现代隔板工作位结构更简单，以方钢作为主要支撑结构的材料，装饰刨花板或纤维板作为家具衬托结构的材料（图 3-19）。

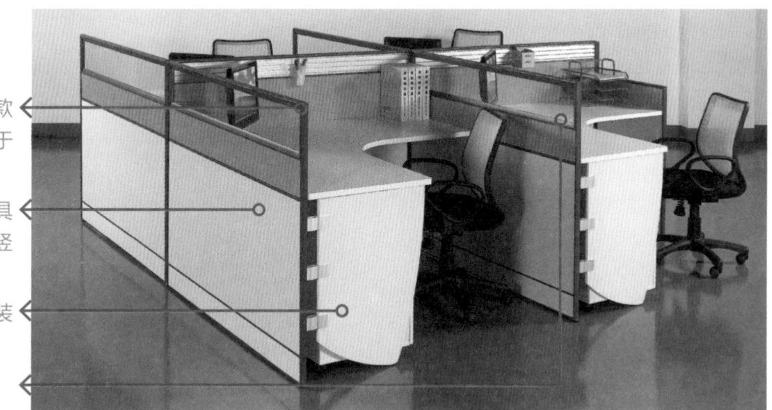

图 3-18　屏风工作位

铝合金型材，宽度规格根据款式来定，宽度最小应当不小于 20mm

玻镁板具有多种颜色可选，具有一定装饰效果，一般用于竖向遮挡板材

衬托板材一般为 20mm 厚的装饰刨花板

5mm 厚透明玻璃

图 3-19　隔板工作位

衬托板材一般为 20mm 厚的装饰刨花板

隔断板材一般为 18mm 厚的装饰刨花板

方形钢管，主要支撑部分的规格为 80mm × 80mm、60mm × 60mm

3.4.2 布置形式

针对不同的办公空间，有多种工作位布置方法，最常见的为 7 字位、T 字位、十字位、干字位等（图 3-20）。在办公面积允许或特定条件下，还可以设计为一字位、C 字位、120° 位、主管团队位等多种（图 3-21 ~ 图 3-24）。

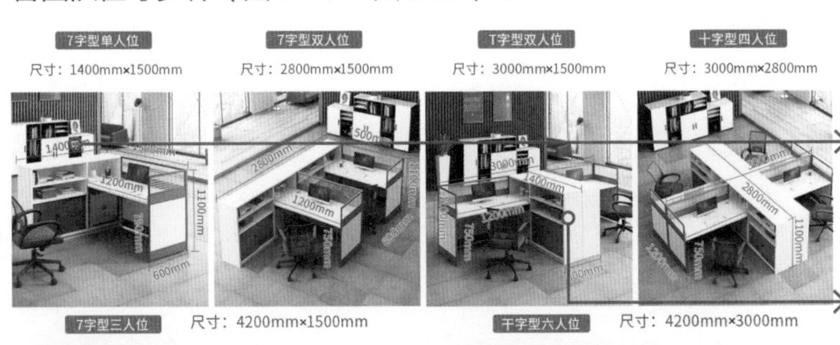

图 3-20 工作位常规布置形式

↑模块化工作位是最基本的生产单元，在工作位上安排人员、设备、原料工具进行生产装配。根据装配项目布置工位现场，安排工作成员和人数。工作位主要由板材、配件组成。经过组合而成的工作位内部包含办公设备、电源插口、储存空间等。工作位能根据办公需求与办公空间面积进行组合搭配，形式丰富，变化多样。

图 3-21 一字位

↑一字位占地面积小，但是每个工作位的宽度应当不低于 1000mm，并排放置能节省空间。

图 3-22 C 字位

↑ C 字位适用于两人组合的工作小团队，方便沟通交流，活动面积较大，在心理上给办公人员很强的安全感。

图 3-23　120° 位

↑ 120° 位适用于面积较大的办公空间，尺寸没有具体限制，可大可小，独立开放，适用于工作性质较灵活的办公空间。

图 3-24　主管团队位

↑ 主管团队位方便中、基层领导更好地管理自己团队，同时还能从事相对独立的工作，形成办公、会客、传达多功能于一体的办公组合微空间。

★补充要点★

工作位电线布置方法

工作位一般在地面装饰层下部布置电线，根据需要配置到工作位下方，再穿过地面装饰层，如地砖、地板等布置到工作位的竖向隔板上，并在隔板上安装插座。

此外，还可以在工作位中间走线，电线从墙体延伸到工作位的侧板与支撑杆件上，用线槽板布置走线，方便安装电源插座。

第 4 章

办公空间色彩与陈设

识读难度：★★☆☆☆

重点概念：色彩设计、绿植设计、陈设品设计

章节导读：色彩具有较强烈的视觉感染力，能引起人们的视觉注意。在办公空间设计中，色彩占据相当重要的地位。色彩在办公空间设计中的巧妙应用，不仅会对视觉环境产生影响，弥补某些不足，还会对办公人员的情绪和心理活动产生积极影响。办公空间设计应充分考虑色彩的特性，运用色彩来丰富空间的视觉效果，运用色彩的明度、纯度与色相的变化营造或沉静，或热烈，或严肃的氛围，打造出不同风格的空间效果。办公空间设计配色要遵循色彩基本原理，符合规律的色彩才能打动人心，并给人留下深刻的印象。

4.1 色彩的性格与作用

在办公空间设计中，色彩占有相当重要的地位。设计效果的好坏，除了与空间分隔、家具布置、软装陈设、照明等相关，更是与色彩不可分离。色彩在办公空间中的巧妙应用，不仅会对视觉环境产生影响，还会弥补某些局部设计的不足，对人的情绪和心理活动产生影响。

4.1.1 色彩的调节作用

色彩的美在于色与色之间相互组合。色彩本身会反映出不同的情绪，色彩情绪与人的情绪产生共鸣，人就会感觉愉悦。这就是色彩的调节作用。在办公空间设计中，色彩的作用体现在以下几个方面：

1. 双通道

不同颜色具备不同的反射率，因此在办公环境中，色彩对于调节光线有着非常明显的效果。白色的反射率为100%，黑色的反射率为0%。但是事实上，大多数自然色反射率为70%～90%，灰色反射率为10%～70%，而黑色反射率为10%以下。色彩的反射率主要取决于色彩明度的高低，因此，设计师在运用色彩调节办公空间的光线时，要先注意颜色的明度，之后再考虑其他方面的因素。

颜色的明度低，反射率也低，随之会消减办公环境的亮度；颜色的明度高，反射率也高，随之会提高办公环境的亮度（图4-1、图4-2）。在实际设计应用中还应配合建筑的朝向，因为不同朝向的建筑所带来的光线特征不同。例如，房间背光，适合选用高明度、高反射率的颜色；房间朝北，光线持久且稳定，适合选用高明度、暖色系的颜色以加强光线和氛围；房间朝南，光照较强，则适合选用中性色或者冷色调的颜色来中和光线强度。

图4-1　低明度、低反射率的色彩

↑当环境光线过强时，可以选用低明度、低反射率的色彩，如各种灰色系列的颜色。

图4-2　高明度、高反射率的色彩

↑当环境光线不足时，可以选用高明度、高反射率的色彩，如高纯度的黄色、红色。

2. 色彩对空间感的调节作用

一般同样面积大小的色彩，高明度、高纯度以及暖色系的色彩看起来面积膨胀；低明度、低纯度以及冷色系的色彩看起来面积缩小，这对于调整办公环境的空间距离有很大的作用（图4-3）。

a）暖色空间感

b）冷色空间感

图4-3 色彩的空间感

↑同样面积大小的色彩，明度高、纯度高，且为暖色系的色彩会给人前进感，看起来比实际距离近些；明度低、纯度低，且为冷色系的色彩给人后退感，看起来比实际距离远些。

★补充要点★

色彩的三要素

色彩是由三个基本要素，即色相、明度和纯度所构成的。在设计过程中，设计师应通过色相、明度和纯度来描述和分析色彩。

（1）色相 色相即色彩的相貌和特征，决定了颜色的本质。

（2）明度 明度是指色彩的亮度或明度。颜色在明暗、深浅上的不同变化，也就是色彩的明度变化特征。

（3）纯度 纯度又称为饱和度，是指色彩的鲜艳程度。无彩色（黑、白、灰）是纯度最低的色彩，原色是纯度最高的色彩；颜色混合的次数越多，纯度越低，反之纯度越高；原色中混入补色，纯度会立即降低、变灰。

4.1.2 色彩体现空间性格

在办公空间设计中，色彩应当具有统领全局的作用，色彩倾向应当能引起人的视觉注意。色彩能赋予平淡形体更好的视觉效果。色彩设计离不开形和光，色彩需要与造型、采光配合才能得到理想的表达效果。

办公空间的性格通过色彩来表现，激进的性格大多为红色、橙色，与黑色相搭配，沉稳的性格大多为蓝绿色、灰色，与白色相搭配，中性化色彩多会穿插米色、浅绿色来调节氛围。

1. 色彩的情感倾向

要给形态多样的办公空间赋予情感，就需要在色彩上下功夫，将色彩依附于物体之上，让物体具备各种感情倾向。

（1）色彩的冷暖变化　色彩的冷暖，即暖色与冷色。暖色主要为红、橙、黄，使人感到温暖、热烈；冷色主要为蓝、绿、紫，令人感到清凉、静谧。在无彩色中，黑色属于暖色，白色属于冷色，灰色属于中性色。色彩的冷暖只是人的习惯反映，而并非色彩自身特有的温度。单纯的色彩冷暖设计会让办公空间色彩设计显得僵化，在实际设计中应当首先考虑中性微暖色与中性微冷色，以这些色彩为主调，穿插搭配色彩倾向分明的暖色与冷色，同时兼顾黑、白、灰（图 4-4）。

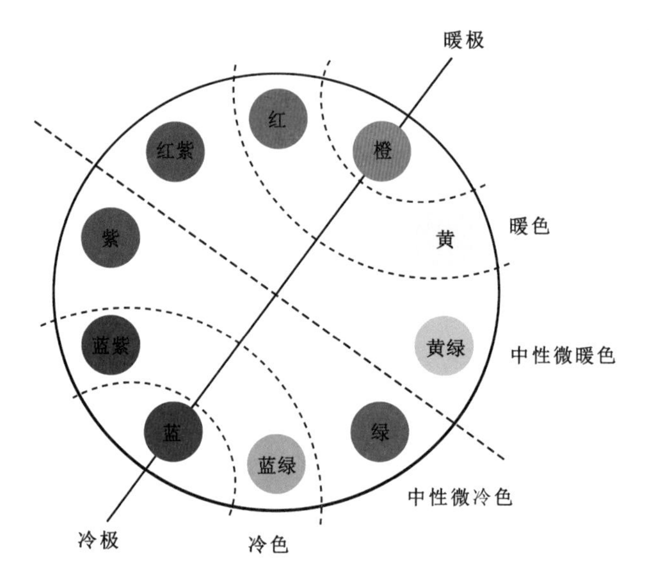

图 4-4　色彩的冷暖分化图

↑色彩的冷暖感受是相对的，不是绝对的。无彩色与有彩色相比较，后者比前者暖，前者比后者冷。在无彩色中，黑色比白色暖；在同一色彩中，含暖色系的色彩（红、橙、黄等）成分偏多时，色彩就偏暖，含冷色系的色彩（蓝、绿、紫等）成分偏多时，色彩就偏冷。色彩的冷暖感觉与差别可达 3 ~ 4 个级别。在办公空间设计中，正确地运用色彩的冷暖效果，可以创造出特定的气氛和环境，弥补空间不良朝向造成的缺陷。

（2）色彩的兴奋感和沉静感　红、橙、黄的刺激性强，给人以兴奋感，被称为兴奋色；蓝、青绿、蓝紫色的刺激性弱，给人以沉静感，被称为沉静色（图 4-5、图 4-6）。办公空间的使用功能已经决定了色彩的应用属性，为办公人员创造一个安静、平和的工作环境，能够提高工作效率，反之工作效率会降低。因此，办公空间设计应避免大面积使用兴奋色。如果完全没有兴奋感，也会让工作情绪低迷，因此可以选择一些醒目的高纯度色彩来提升空间的兴奋感。

图 4-5 兴奋色
←兴奋色给人以兴奋感，办公空间中可以小面积使用，如黄与黑搭配，形成强烈的刺激性色彩对比。

图 4-6 沉静色
←沉静色给人以沉静感，能够为办公人员创造一个安静、平和的工作环境，提高工作效率，适宜大面积使用，如蓝与青绿搭配，形成刺激性较弱的色彩对比。

（3）色彩的轻重感 色彩的轻重感取决于色彩的明度、纯度、色相。高明度、高纯度、暖色色相显轻；低明度、低纯度、冷色色相显重。正确运用色彩的轻重感，可以使色彩关系平衡稳定。例如，墙面采用上轻下重的色彩配置，容易获得平衡稳定的效果，可以改变空间感（图 4-7、图 4-8）。

图 4-7 上轻下重配色
↑当办公空间的顶棚过低时，可以采用具有上浮感的轻色，地面采用具有下沉感的重色，从视觉上增高空间的高度感。

图 4-8 上重下轻配色
↑当办公空间的过道过高时，顶棚采用具下沉感的重色，地面采用具上浮感的轻色，从视觉上降低空间的高度感。

（4）色彩的距离感 色彩可以改变物体的距离感，使人产生远与近、进与退、凹与凸的多种感觉。前进色可以缩短观察者与物体之间的距离感；后退色可以增大观察者和物体之间的距离感。色彩的距离感与物体的色相、明度相关。在同一视距条件下，明亮、鲜艳的色彩具有向前、凸出、接近的感觉，而灰暗色、寒冷色有后退、凹进、远离的感觉。色彩的距离感，由前至后、由近推远的主要排列顺序为：红 > 黄 > 橙 > 紫 > 绿 > 蓝。设计师应当经常利用色彩来改善办公空间的距离感。

2. 色彩体现办公空间的性格

常规的办公环境以安静为主，主色调选用较淡雅的色彩，兴奋色更多用于辅助功能区，如健身室、乒乓球室等。但是色彩性格不是抽象的色彩关系，不能生搬硬套，需要综合考虑。

色彩设计的自由度相对较小，应遵循一般色彩搭配的原则，既要谐调又要对比，还要综合考虑具体的位置、面积、环境要求、功能目的、地方民族传统、服务对象的愿望等各种因素。

同样的色彩，在不同材料、不同质感、不同光照下的视感完全不同。因此，设计师要尽可能地利用材料本身的色彩、质感、光影效果，更好地为传达设计意义服务（图 4-9）。

a）冷灰色办公空间

b）暖灰色办公空间

图 4-9　办公环境色彩的体现

→可以根据不同的办公空间的功能要求和性格选用不同的色彩，以满足使用者的不同要求。冷灰色办公空间适合宁静的办公环境，能让人静心工作；暖灰色办公空间能让人兴奋，搭配暖色灯光，更适用于无开窗的封闭空间，如办公空间中的休息室等。

4.2 色彩设计原则

色彩在办公空间设计中充当着十分重要的角色。办公空间的色彩设计应当具有趣味性，而不能显得单调枯燥，让办公环境能够进一步激发员工的工作热情。

4.2.1 色彩与材料配合

色彩与材料相配合时，要解决两个问题，一是色彩用在不同质感的材料中，将表现出不同的质感效果；二是要充分运用材料的本色，使室内色彩更加丰富、自然、清新。

同一色彩用于不同质感的材料中，效果是相差很大的。这样能使视觉效果在统一中又有一点变化。从坚硬与柔软、光滑与粗糙、木质感与织物感的对比中来丰富空间设计。

4.2.2 满足基本功能需求

色彩具有明显的心理暗示效果，明快的色调可给人愉快的心情，具有洁净感，这是办公空间功能要求所决定的。同时，色系的搭配选择可依照办公室的设计风格与特征来策划，并结合现场环境特点，在整体上进行色彩搭配。色彩要能让空间变得饱满起来，不要让人感到空洞（图4-10）。

a）深蓝色顶棚

b）陈设家具

图4-10 色彩的基本功能需求

↑搭配色彩时应首先考虑功能上的要求，力争体现与功能相适应的性格和特点。深蓝色顶棚让空间显得深远高大，陈设家具具有亲和力，让人愿意接近。

4.2.3 遵循设计构图法则

充分发挥色彩的美化作用，色彩配置应当符合形式美原则，正确处理统一与变化、协调与对比、主景与背景、基调与点缀等各种关系。

（1）确定基调 办公空间的色彩基调以素雅、自然为主，形成自然、轻松的环境，有利于提高办公效率（图4-11）。

（2）寻求统一与变化 色彩统一协调的关键在于基调，但只有统一而无变化，仍然达不到美观耐着的目的（图 4-12）。

图 4-11 确定基调
→基调是色彩设计的主角，除此以外的其他色彩则是起着丰富、润色、烘托、陪衬的作用。

图 4-12 寻求统一与变化
→大面积色块不宜采用过分鲜艳的色彩，小面积色块则应适当提高明度和彩度，这样才能获得较好的变化效果。

（3）建立稳定感与平衡感 上轻下重的色彩关系具有较好的稳定感，因此，办公空间的顶棚常用较浅的颜色，地面则用较深的颜色，需要表现特殊效果时往往采用深色顶棚。色彩的重量感还直接影响到构图的平衡感，在设计时要注意避免产生构图不稳、失衡等现象。

（4）建立韵律感与节奏感 色彩的起伏要有规律性，形成韵律与节奏。要适当地处理门窗与柱、窗帘与周围部件等色彩关系。有规律地布置办公桌、资料柜、沙发、设备等，有规律地运用装饰画和饰物等，以获得良好的韵律感与节奏感。

4.3 色彩设计方法

室内色彩设计能否取得令人满意的效果，关键在于能否正确处理各种色彩之间的关系。处理色彩关系的主要方法是协调与对比。即整体大色块之间注重协调，大色块与小色块之间强调对比。

色彩协调主要包括调和色协调、对比色协调、有彩协调、无彩协调；色彩对比主要包括色相对比、明度对比、冷暖对比。应当在色彩的统一中增添一些变化，协调中带有对比，这样才能让人感到舒适，给人以美的享受。

4.3.1 色彩搭配方法

办公空间的色彩设计方法和其他空间类型一样，也要遵循相应的设计原则，归纳起来有以下几种设计方法：

1. 以自然材料本色为基调

自然材料的本色主要是指木材和石材的颜色，将这两者的颜色作为办公空间设计的基调色是比较保险的方法。

对于这两种自然材料，也可配以适合的人工色彩进行修饰，注意明暗对比关系。自然材料的色相、纯度和明度一般为中性，因此可以多搭配深色或亮色进行点缀，能产生意想不到的点睛效果。

直接大面积用木材和石材这两种颜色，会让办公空间显得家居化，大多数木材和石材都是米色系，因此要在空间中考虑搭配深重的颜色来点缀（图 4-13、图 4-14）。

图 4-13　以木材的本色为基调

↑自然木材主要包括：浅黄色的枫木、白橡木适合装饰一些优雅、自然、恬静、有现代感的办公空间；深色的榆木、红木等则适合装饰一些较严肃、拘谨、传统的办公空间。

图 4-14　以石材的本色为基调

↑自然石材主要包括：浅色的汉白玉、大花白、爵士白、金米黄、木纹石等，适合优雅、清爽、洁净的环境；而深色的印度红、宝石蓝以及各类黑石适合华贵、庄严的环境。

2. 以黑白灰为基调

点缀色一定要根据色彩的象征意义和形象来选用，需要严格挑选并慎重使用（图 4-15）。

a）装饰画点缀

b）采光照明点缀

图 4-15　以黑白灰为基调

↑以黑白灰为基调，增加 1 ~ 2 处鲜艳的颜色作为点缀，鲜艳但不会过于花哨，醒目但又非常易于协调；点缀色可以是摆设和植物，也可以是环境和企业形象的代表色。

3. 以中性色为基调

中性色有灰、金、银等几种颜色，配色时应适当使用不同层次的灰色或偏灰的色相（图 4-16）。中性色的视觉效果丰富且不艳丽，设计时应处理好色彩的浓淡关系，如果处理不当，容易显得暗沉、陈旧。

a）中性色搭配红色

b）中性色搭配绿色

图 4-16　以中性色为基调

↑中性色配色时应适当使用深灰或浅灰色，并在布置饰物和植物时用选用鲜艳的颜色，激活环境的气氛，追求柔和、淡雅、温馨的色彩感。

办公空间的色彩设计除上述方法外，还有现代派和后现代派的配色设计。其特点是用大量明亮鲜艳的对比色，或金银色和金属色营造环境气氛。这种风格可用在某些特殊行业的办公空间，如娱乐公司、广告公司、网络公司等。

4.3.2 色彩设计程序

办公空间色彩设计并不是一个完全独立的过程，它必须与整体空间设计相协调，在总体布局方案确定之后再进行整体色彩深化设计，能获得更好的视觉效果（图 4-17）。

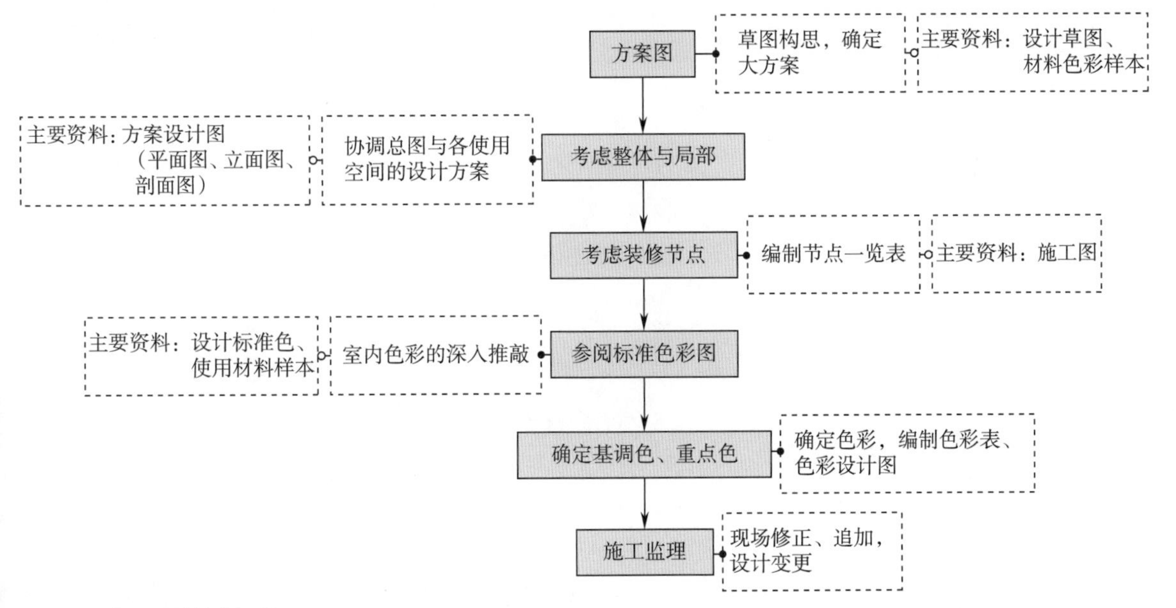

图 4-17 色彩设计的步骤图

4.4 植物的重要性

目前，我国城市环境不断恶化，人们更崇尚大自然，迫切希望改善城市生态环境、返璞归真。目前，人们推崇的景观办公空间就是充分利用绿植的典范。绿植能够美化环境、陶冶情操，还能起到组织办公空间的作用。一个生机盎然的办公空间还能减轻办公人员的工作压力，提高他们的工作效率。

植物是自然界的一部分，将植物引进办公环境中，能使办公空间兼有大自然的元素，达到室内向室外空间的自然过渡和延伸。在办公空间中，植物在组织室内空间分区、改善办公环境、美化视觉效果、提升劳动热情等方面有着不可替代的作用。

4.4.1 利用植物组织空间

室内植物要经过适当的组合与处理，才能有效组织空间、丰富空间层次，对组织办公空间起到积极作用。

1. 引导空间

植物在室内通常比较引人注目，因此绿化在室内空间常作为空间过渡的引导，具有极好的引导和暗示作用。它有利于组织人流方向，能够引导人员快速通过主要活动空间或出入口。

2. 限定与分割空间

植物有别于隔墙、家具、隔断等对空间的限定，合适用于开敞式办公空间，能限定、分割空间（图 4-18）。

a）绿植搁架

b）移动树池

图 4-18 利用植物限定与分割空间

↑绿植具有一定的灵活性，被限定的各部分空间既能保证一定的独立性，又不失整体空间的开敞完整。常见的绿植搁架是将文件架、资料架等改造成专门放置盆栽的家具，所处的位置采光应当充分，适合观叶植物生长。移动树池是将室外园林景观中的树池引用到办公空间中，树池分散排列，较高的观叶植物具有遮挡功能，整齐排列后能形成立柱隔断的视觉效果，成为办公空间中分割空间的重要形式。

3. 沟通空间

植物作为室内外空间的联系，能扩大室内的空间感（图4-19）。

4. 填补空间

根据空间大小选择合适的植物，可以给空间布置锦上添花（图4-20）。

图4-19　利用植物沟通空间

↑将室外植物延伸至室内，使内部空间兼有外部自然界的特征，有利于空间过渡，并能使这种过渡自然流畅，扩大室内的空间感。

图4-20　利用植物填补空间

↑对于一些死角或无法利用的空间，可以利用植物来解决。

4.4.2　利用植物改善环境

植物本身可以有效改善办公环境，如植物可以调节室温、净化空气、减少噪声等。植物可以通过光合作用吸收二氧化碳，释放氧气。植物叶片能吸热和蒸腾水分，对室内环境起到降温和保湿的作用（图4-21）。

4.4.3　利用植物美化空间

植物的自然形体，时常发生变化，这种造型变化能美化空间，让空间具有丰富多彩的变化（图4-22）。

图4-21　墙面垂直绿化

↑墙面垂直绿化是现代办公空间设计的流行趋势，大面积墙面栽植绿萝，采用小盆植株，能随时取下保养，方便室内养护管理。

图4-22　吊挂绿植

↑将花草悬挂配置，能提升空间的视觉效果，以观叶植物为主，放置在接近玻璃幕墙的部位。植物吸收充足的光线，生长会更旺盛，为办公人员舒缓疲劳。

4.5 植物配置形式和要求

要完成办公空间设计中的植物配置，需要正确选择植物，根据现有场地，对不同用途的植物进行科学搭配，了解和掌握园林植物配置的形式、要求、方法，熟练掌握植物的特性，运用美学原理，根据不同空间环境、功能要求来综合考虑。

4.5.1 植物配置形式

办公空间的植物配置有两种基本方法：一是摆放盆栽，既可散摆，也可组合摆，称为不固定式；二是植物直接种植于办公空间内的地面、花池、假山上，称为固定式。

盆栽灵活方便，可以随便搬移或组成花坛式、垂吊式、绿墙式、柱式等各种造型，起到装饰和划分空间的作用。固定式植物配置，可以栽植大型植物，形成良好的植物景观，特别适合大型办公空间。植物配置形式可分为规则式和不规则式两种类型。

1. 规则式植物配置

规则式包括相对对称、平移、平移扩大等形式。可以是两株对植、多株阵列种植或种植于花坛中。这类形式多用于装饰桌面、大厅、走廊，还可以布置中大型会场、展厅等场景，体现庄严、大方的风格（图 4-23）。

a）树池排列

b）花坛分列

图 4-23 规则式植物配置

↑规则式也称为对称式，植物品种为一种或多种，但同一品种要求大小统一，按所设计的图案单元进行组合。树池排列能形成分隔空间的虚拟屏障，树池的间距以树梢接触为基准，池体占地面积尽量小。花坛分列在户外环境中更有利于采光，在背光的室外应当考虑观叶植物，如黄杨、女贞等品种，可以根据空间装饰需要进行修剪，使枝叶不向外延伸，形成完整规则的视觉效果。

★补充要点★

配置水生植物

水生植物大多喜光，因此引入室内的不多。但是近年来，采光和人工照明技术得到了极大发展，促进了人们对自然水体的向往，许多设计会在室内引入水生植物来创造更生动的水景（图4-24）。

水生观赏植物繁殖快、管理粗放，配置方式分为水面配置、浅水配置两种，能形成自然的水景效果。水面配置采用浮水植物（植物的叶浮于水面，根长于水底），如一叶莲、铜钱草等；浅水配置则采用挺水植物（植物的茎叶挺出水面），如蒲草、狐尾藻等。但是水生植物不宜种满水池，以占水面1/3为宜，否则水面会失去倒影的效果。

a）一叶莲

b）铜钱草

c）富贵竹

图4-24 常用水景植物

规则式植物配置中，常用列植的形式来配置植物，列植是指两株以上植株按一定间距排列，包括两株对植、线性行植、多株阵列种植，多用于大厅或出入口处，多选用棕榈科的单生型植物、桑科榕属植物。或将附生植物以阵列的形式悬吊于高空，如蕨类、常春藤。列植植物一般为同种植物，且大小、体态相同，如果为不同植物，也应当在体量、外形、色彩、质感上接近，以免破坏整体感。列植能表达出多样和重复的视觉美感（图4-25～图4-27）。

图4-25 两株对植

↑两株对植通常采用花叶兼备的同种植物，比如绿萝、万寿菊、塔柏等，形成对称种植，起到标志性和引导作用。

图4-26 线性行植

↑线性行植常采用花槽或盆栽的形式，使多株植物成行配置。可以一行或者两行摆放，形成均衡对称的效果，比如，在楼梯、栏杆、窗台、阳台的花槽内成行相间排列花木，借以规定范围，组织室内空间。

图4-27 多株阵列种植

↑多株阵列种植常将附生植物以阵列的形式悬吊于高空，如蕨类、常春藤。

2. 不规则式植物配置

不规则式植物配置主要用于采光、通风、供水条件较好的现代大型办公空间内。不规则式亦具有单植、丛植和群植等配置方式。

不规则式配置是将中国传统园林景观中的植物配置方法延续到室内空间中来，选取室外新奇、独特的自然植物，经过整形修饰，提升造型审美，用于室内后，能让人有身临户外园林的感受。

在设计过程中可以做少量地形改造，如垒石、堆土、砌池、造人工喷泉等，使环境具有自然野趣的风韵，也可以布置一些茶座或休息座椅，置身其中，宛如世外桃源。在多数情况下，办公空间中的不规则植物配置比较集中，不会零散布置，否则会让空间显得凌乱。

（1）单植 单植即只采用一株独立植株，选用观赏性较强的植物，如叶形独特的苏铁、蕨类、散尾葵，塔形的南洋杉，色彩艳丽的三色堇、铁线莲、桂花（图 4–28）。

a）墙角布置

b）台柜布置

图 4–28 单植

↑只采用一株独立植株，一般选用观赏性较强的植物，以盆栽的形式作室内点缀，软化硬角，适宜置于室内一隅或人流交叉的中心。

（2）丛植 指 2 ~ 10 株植株形成有观赏价值的植物丛，组成植物丛的植物要求美感强。主要用于办公空间室内种植池中，小体量植物也可以由移动式盆栽组合而成，丛植植物的排列形式要有序列感，如中间较高大，周边较低矮，形成一定视觉对比（图 4–29）。

（3）群植 指大于 10 株植株的组合，包括室内盆栽的组合、图案式花坛和大厅构成主景的林型景观。群植植物的分布可以分散，要与办公空间的家具相搭配，形成环绕布局的形式（图 4–30）。

图4-29 丛植

←2～10株植株组成的具有观赏价值的植物丛，可以是同种植物组合配置，也可以是多种植物混合配置。

图4-30 群植

★补充要点★

丛植配置的方式

丛植配置要求疏密有致，适用于办公环境的丛植配置方式如下：

（1）二株 与列植中的对植不同，丛植中的两株植物靠得很近，能组成整体造型，即使是盆栽，也最应当选用同一树种，但在姿态、大小、动势上有所区别，统一中存在对比。

（2）三株 选用同种植物或外观类似的两种植物来配合，但是不用三种不同的植物。种植点呈不等边三角形配置，具有聚散、疏密、大小的对比，使画面达到统一调和。

（3）四株 如果采用两种不同植株，必须同为乔木或同为灌木；如果采用三种不同植株，必须有两种外观极为相似。通常有“3+1”“2+1+1”组合，如果是“3+1”组合，则“3”为主体（最大株在此），“1”为从属。

（4）五株 如果树种相同，每株树的形体、姿态、动势、大小、栽植距离都应力求差异；通常有“3+2”“4+1”“3+2”组合，如果是“3+2”组合，则“3”为主体（最大株在此），“2”为从属。

（5）五株以上 植物株数越多越附在一起，在设计上始终要注意聚散疏密、大小的对比。

4.5.2 植物配置要求

在办公环境中，植物的配置要遵循植物生长的规律，根据环境条件进行科学、合理的配置，目前适宜室内种植的大多数植物都喜阳耐阴、喜湿耐旱，要根据植物的特性来配置。

1. 了解植物的环保功效

用于室内办公空间的植物要有吸附净化功效，这样才有利于改善办公空间的环境质量，如改善室内温湿环境、减少电磁辐射、吸收甲醛、增加新鲜空气等。

观叶类植物都是白天吸收二氧化碳、夜晚消耗氧气，如龟背竹、铁树、富贵竹等。有的植物耐阴、忌阳光直射；有的则喜阳，要放置在靠近外窗或玻璃幕墙的位置；有的植物耐干旱，忌水过多，有的植物则喜湿润，要长期保持湿润。

设计师应根据场地环境的切实需求，对植物进行合理的组合，最大化发挥植物的空气净化功能。想要缓解员工视觉疲劳，减少空气中有害物质，同时增加室内空间的亲和力的话，可以多选择耐阴的观叶植物，这样对日照要求不高，方便养护（图 4-31）。

a）有净化功效的绿植盆栽

b）有净化功效的水培绿植

图 4-31　植物的净化、环保功效

↑各类植物的功效特性都不一样，如龟背竹喜温暖湿润、遮阴的生态环境，可以吸收甲醛、苯等有害气体；芦荟喜阳光且通风的环境；绿萝喜温暖湿润、半阴的环境，净化空气效果尤其好。

2. 正确引用植物寓意

人们常常赋予植物不同寓意，以此来增加办公空间的人文意境。传统植物通常有许多寓意吉祥的名字，对于办公事务起到喜庆、好彩头的心理暗示作用，如万年青、富贵竹、发财树（图 4-32）、仙客来（图 4-33）、鸿运当头（图 4-34）等。从更深层的文学内涵来看，植物有赋予设计方案意境的潜力。如在文化企业的办公环境中，通常喜用“竹”作装饰，给人带来一定的文化氛围。

图4-32　发财树

↑发财树的寓意是财源滚滚、招财进宝和生意兴隆，表示能够带来好的财运，还具有安康、长寿之意。

图4-33　仙客来

↑仙客来的寓意是喜迎宾客、欢迎仙客到来，表达对贵宾的欢迎之情。

图4-34　鸿运当头

↑鸿运当头的寓意是完美、好运，表示好运不断，生生不息，顺风顺水。

3. 规避安全隐患

注意避免选择植物有毒的植物，如滴水观音、夹竹桃；避免选择有硬刺的植物，防止扎伤，如虎刺梅。办公环境一般选用观叶类植物，少用芳香类植物。因为在室内空气不流通的情况下，芳香类植物有可能引发过敏体质人群产生过敏症或心血管疾病。

4. 为植物提供更多融入空间的方式

如果没有自然光照，植物也可以在人工模拟光照的环境中快速生长。植物与水景相结合能轻松组成一个微型生态循环系统，将大自然融入空间，提升了空间品质（图4-35）。

a）植物造景

b）植物上墙

c）植物上架

图4-35　植物融入空间的方式

↑除了利用花盆摆放植物，还可以设计植物造景、植物上墙、植物上架等更多的植物摆放方式。植物造景是植物与建筑室内构造融合的过程，植物的摆放与建筑结构对应，如放置在立柱旁，则与立柱融为一体。植物上墙是在装饰墙面上设计内凹造型，将小型盆栽植物插入墙面格架中，需要定期浇水养护。植物上架需要考虑采光，多层搁架上的植物应当保证充足的光照。

4.5.3 植物配置方法

植物已成为现代办公空间不可或缺的物品，在绿色、环保、人文的设计理念下，绿色植物的作用不容小觑，不仅能够改善优化办公环境，还能够带来生态感。植物的配置应考虑尺度、风格、功能、搭配等因素。

1. 植物与空间尺度相适应

室内植物小可至几厘米，大可及数米。在小空间中用大型植物或在大空间中用小型植物，都难以获得理想的效果。中等尺寸的植物可以放置在办公桌或架子上，展示其轮廓美（图 4-36）。

a）桌面搭配小型植物，地面盆栽稍大

b）低矮的家具搭配较高的植物

图 4-36　植物尺度合适

↑在植物配置上应注意让植物尺寸与办公环境相协调。选择大小合适的植物，让其与办公空间内的设施、设备、办公家具等相协调。正常高度的桌椅搭配的植物不宜过大，落地摆放的植物的高度一般不超过桌面，桌面上的植物高度不超过 300mm。如果是低矮家具或日式家具，可以搭配较高的盆栽植物，让人席地而坐时，有观赏乔木的感受。

2. 植物与空间风格、功能相协调

每种植物都具备一定的特征，这主要体现在形态、质感、色彩、生长特点上。在进行办公空间植物搭配时，应考虑植物自身的特点，将合适的植物放置在合适的区域。例如，铁树形态高大，适宜放置在面积较大的门厅中；多肉植物形态清新，适宜放置在办公桌或其他台面上。这样植物的体量、气质都与对应的空间氛围相符。

3. 合理搭配植物

室内植物配置应符合室内总体构图的要求，尽量避免因种类过多而带来的杂乱无序的现象。所选植物应当能够适应办公空间的光照、温度、湿度等因素，能适应当地气候，否则会影响植物正常生长。另外，所选植物应具有一定装饰性，这样的植物更适合办公空间。

植物的种类不同，观赏的部位也不同。室外办公空间可以选用月季、长寿花、石斛等观赏其花，文竹、万年青等观赏其叶。搭配时还应考虑到四季色彩的变化，如文竹、仙人掌、万年青、罗汉松、苏铁等可常年观叶；吊兰、报春花、海棠花、茉莉花等可春夏季观花；冬青、菊花、芙蓉花等可秋冬季观赏。可以将这些植物混合搭配，形成四季应景的视觉效果（图4-37、图4-38）。

图4-37 花卉搭配各类绿植

↑植物组合搭配时，要有一定层次感，一方面植物的种类不同，观赏的部位也不同，或赏其花，或观其叶；另一方面应考虑植物四季色彩的变化等因素，或四季常青，或夏观花，或秋冬观花。

图4-38 多肉搭配

←多肉植物组合搭配时，要注重形态的对比，叶瓣较大的品种与叶瓣较小的品种相组合，形成形态上的对比，烘托出主要的多肉品种。

4.6 办公空间的绿化方案

以往设计师大多将植物作为设计方案的点缀，最多只考虑植物的形态、生长习性、成活率等问题，很少有设计师专门针对植物进行深入设计。随后，一些园艺公司开始提供植物租赁、养护等服务，于是办公空间的植物配置也就承包给了各家园艺公司。现在随着环保理念、绿色设计概念的普及，办公空间中的植物设计越来越受到人们的重视。

4.6.1 挑选植物的禁忌

装饰性强且形态优美是选用的重要条件（图 4-39）。但是有些植物耗氧性高或有毒，因此，了解植物的特性非常有必要。

a）公共活动区绿植

b）过道绿植

图 4-39　办公空间绿植

↑设计师应根据空间的大小尺度和装饰风格，从品种、形态、色泽等几方面来综合选择植物。公共活动区可以零散配置，过道应当集中贴边布置。

办公空间的植物摆放禁忌如下：

1. 忌毒

有些植物拥有美丽的外表和浓郁的香气，一旦人们接触不当，这些植物就会成为危害人体健康的“隐形杀手”，我们要格外小心。

（1）水仙　水仙的鳞茎中含有拉丁可毒素，人误食后会引发呕吐、肠炎等，因此要切记，不要触摸水仙鳞茎，更加不能误食。

（2）含羞草　含羞草含有一种剧毒的物质含羞草碱，人与之接触过多后会造成头发脱落。

（3）夹竹桃　植株有剧毒，对人体有致命伤害（图 4-40）。

（4）马蹄莲　马蹄莲含有大量的草本钙结晶和生物碱，但可以放在室内观赏（图 4-41）。

（5）滴水观音 滴水观音茎汁液有毒，不能误食（图 4-42）。

（6）虎刺梅 虎刺梅的汁液里含有生物碱、毒蛋白等有毒物质，沾到皮肤上会使皮肤红肿、瘙痒，并且枝干上有很多尖刺，容易扎伤皮肤。

图 4-40 夹竹桃

↑全株都有剧毒，触碰会造成皮肤麻痹，误食则会呕吐、腹痛，甚至死亡。

图 4-41 马蹄莲

↑全株皆有毒，人体误食后会导致呕吐、轻微的头痛、中毒等，但其本身并不释放带毒的气体。

图 4-42 滴水观音

↑茎内汁液有毒，会引起误食者咽部和口部的不适，使其胃部有强烈的灼痛感。

2. 忌香

花草绿植不仅让办公环境更有活力，还是应对电磁辐射、二手烟等环境污染的好帮手。然而，并不是所有的花草都适合摆在室内。太香的花不要养，香味过于浓烈的花草会让人头晕难受，甚至产生不良反应，如郁金香、夜来香等。

（1）郁金香 郁金香含有毒碱，最好选择摆放在阳台或窗台旁（图 4-43）。

（2）夜来香 夜来香夜晚开花，味道浓烈，会使人神经兴奋（图 4-44）。

图 4-43 郁金香

↑花中含有毒碱，容易使接触者头昏脑涨，出现中毒症状。

图 4-44 夜来香

↑夜晚开花，而且味道十分浓烈，把它放在办公室或办公区，会使人神经兴奋，高血压和心脏病患者会感到头晕目眩、郁闷不适，甚至会出现胸闷和呼吸困难等症状。

3. 忌过敏

有些花卉可能会让人产生过敏反应，如绣球花、风信子、紫荆花等（图 4-45、图 4-46）。

图 4-45　绣球花

↑散发出的微粒易致过敏，过敏者会出现皮肤过敏的症状或感觉皮肤瘙痒。

图 4-46　风信子

↑花香可以提神醒脑，但花粉容易造成皮肤过敏。

4.6.2　办公空间植物图鉴

选择办公空间植物时应注意室内光照条件，这对植物的长期生长最为重要。同时，办公空间内的温度与湿度也是选择植物时必须考虑的重要因素。也因此，选择办公植物的必要条件即选择季节性不明显、在室内易成活的植物，详情见表 4-1。

表 4-1　办公空间植物图鉴

植物类型	形态图像	生长习性（环境 / 土壤）	吸附净化功效
仙人掌属		1）喜温暖的环境，不耐寒 2）喜中性或偏碱性的土壤，怕酸性的土壤	可大量吸收甲醛、乙醚等有害气体，减少辐射，且夜间吸收二氧化碳，释放氧气
多肉植物		1）喜温暖、光照充足的环境，耐干旱，不耐寒，忌高温、暴晒 2）喜疏松透气、中性或微酸性、排水良好、有一定保水能力的土壤	有的多肉植物会在夜间吸收二氧化碳释放氧气，可以净化空气、防辐射

（续）

植物类型	形态图像	生长习性（环境/土壤）	吸附净化功效
常春藤		1）喜温暖、湿润的环境，稍耐寒 2）喜湿润、疏松、肥沃的土壤	在充足光照条件下，一盆常春藤能消灭 $10m^2$ 的室内 90%的苯，还可吸收尼古丁、微粒灰尘等难以吸附的有害物质
绿萝		1）喜湿热、阴凉的环境，忌阳光直射 2）喜腐殖质、疏松肥沃、微酸性的土壤，也可水培	具有极强的空气净化功能，可以吸收空气中的苯、三氯乙烯、甲醛等有害物质
吊兰		1）喜温暖湿润、半阴的环境，不耐寒但耐旱 2）不择土壤，喜排水良好、含疏松肥沃的砂质土壤，也可水培	有小型空气净化器之称，能够吸收甲醛、苯、尼古丁、一氧化碳等有害物质
米兰		1）喜温暖湿润、阳光充足的环境，稍耐阴但不耐寒 2）不择土壤，喜土层深厚、疏松、肥沃、微酸性的沙壤土	吸收空气中的二氧化硫和氯气，同时散发出具有杀菌作用的挥发油，因此其具有较强的消毒功能
虎尾兰		1）喜温暖、湿润、阳光充足的环境，耐阴、耐干旱 2）不择土壤，喜排水性较好的沙壤土	白天可释放出大量的氧气，两盆虎尾兰基本上能够将一间办公室内的空气净化干净
芦荟		1）喜阳光且通风的环境，耐旱，不耐涝，忌阳光直射 2）喜透水、透气性能好、有机质含量高的微碱性土壤	适合净化新装修后的办公室
菊花		1）喜阳光、温暖、湿润的环境，怕涝、忌荫蔽 2）喜地势高燥、土层深厚、含腐殖质、排水良好的沙壤土	主要吸收甲醛、尼古丁等有害物质

（续）

植物类型	形态图像	生长习性（环境 / 土壤）	吸附净化功效
龙血树		1）喜阳光充足、高温多湿的环境，耐阴 2）喜疏松且透气性较好的土壤，也可水培	可吸收三氯乙烯、甲醛，净化空气
蕨类		1）喜温暖、阴湿且通风的环境 2）喜湿润、透水性较好、含腐殖质的土壤	能够吸收甲醛、甲苯、二甲苯等有害物质
铁树（苏铁）		1）喜暖热、湿润的环境，不耐寒，生长缓慢，喜铁元素 2）喜湿润肥沃、微酸性的土壤	
万年青		1）喜温暖、湿润、半阴的环境 2）喜肥沃、排水性较好、含腐殖质的土壤	通过光合作用吸收二氧化碳、释放氧气，能净化空气
发财树（光瓜栗）		1）喜高温、高湿的环境，不耐寒但耐旱，幼苗忌霜冻 2）喜肥沃、疏松、酸性的沙壤土	
金钱榕（圆叶橡皮树）		1）喜温暖、高湿、通风的环境，耐阴，耐寒，生长快 2）喜肥沃、排水良好的土壤	

4.7 办公空间陈设品设计

陈设品设计可理解为对物品的陈列、摆设布置、装饰。陈设品是指用来美化或强化环境视觉效果的、具有观赏价值或文化意义的物品。只有当一件物品既具有观赏价值、文化意义，又具备被摆设（或陈设、陈列）的观赏条件时，该物品才能被称为陈设品。陈设品包括灯具、布艺、花艺、陶艺、摆饰、挂件、装饰画等。

4.7.1 多样化的艺术陈设品

办公空间的陈设品内容丰富。在办公空间中，除了围护空间的建筑界面以及建筑构件外，一切实用或非实用的可供观赏、陈列的物品，都可以称为陈设品。根据陈设品的性质分类，陈设品可分为四大类。

1. 纯观赏性物品

纯观赏性的物品主要包括艺术品、部分高档工艺品等（图4-47）。

a）装饰吊灯

b）过道小品

c）玩具展示

图4-47 纯观赏性的物品

↑纯观赏性物品不具备使用功能，仅作为观赏品，它们或具有审美和装饰的作用，或具有文化和历史意义。

2. 实用性与观赏性一体化物品

实用性与观赏性为一体的物品主要包括家具、设备、器皿、织物等（图4-48）。

a）户外用品展示

b）显示屏幕

c）休息凳

图 4-48　实用性与观赏性一体的物品

↑这类陈设品既有特定的实用价值，又有良好的装饰效果。

3. 功能发生改变的物品

功能发生改变的物品多指那些原来仅有使用功能的物品，但是这些物品的使用功能已经丧失，随着时间或空间的推移，它们的审美和文化价值却得到了提升，因此成为珍贵的陈设品。如远古时代的器皿、服饰、建筑构件等都可以成为极有意义的陈设品（图 4-49）。

a）书法作品

b）陶艺作品

图 4-49　功能发生改变的物品

↑名家大师的书法作品流传多年后，具有极高的收藏价值，属于时间推移后，功能发生改变的物品，原本是抒怀情感、记录生活的物品，如今成为陈设品，经过重新装裱提升了装饰价值。陶艺作品原本用于物品、粮食的收纳保存，如今赋予其外表新颖、具有美感的装饰图案，也能使其成为具有装饰价值的陈设品。

4. 经艺术处理的陈设品

陈设品的设计工作流程与植物的选择布置流程相当。办公空间设计师安排好陈设品的摆放位置、照明形式。但客户往往会聘用更专业的陈设设计师顾问来指导陈设品的艺术处理，这就需要两方设计师进行配合，对普通的陈设品进行艺术处理，可以提升办公空间的艺术氛围（图 4-50）。

a）马赛克壁画

b）雕塑

c）挂盘

图 4-50 经过艺术处理的物品

↑一部分原先仅有使用功能的物品，按照形式美的法则组织构图，可以构成优美的装饰图案；另一部分既无观赏性，又无使用价值的物品，经过艺术加工、组织、布置后，也可以成为很好的陈设品。

4.7.2 陈设品设计原则

在多数情况下，办公空间设计师虽然没有去精挑细选陈设品，但是要在平面图上标示出摆放位置，指出陈设品的风格和色彩。陈设品在办公环境中是不可或缺的，其设计应遵循如下原则：

1. 定好风格，再做规划

陈设品的摆放不仅能满足现代办公空间多元、开放、多层次的布局设计，还能为办公空间注入更多的文化内涵，增强环境中的意境美感。在设计规划之初，要预先将客户的办公习惯、喜好、审美方向等全部罗列出，并与客户进行沟通，充分考虑空间功能定位后，尽量满足办公人员的个人需求。

2. 比例合理，功能完善

陈设品搭配中最经典的比例为黄金分割比例。如果没有特别的设计考虑，可以采用 1 ： 0.618 的比例来划分办公空间，陈设品的摆放位置可以是地面、墙面、顶棚或家具上某个长度尺寸上的黄金分割点（图 4-51）。

3. 节奏适当，找好重点

在办公空间的陈设品设计中，虽然可以采用不同的节奏和韵律，但是在同一个空间中切忌使用两种以上的节奏，否则会让人无所适从、心烦意乱。

在办公空间中，视觉中心是极其重要的，人的关注范围要有一个明确的中心点，这样才能形成主次分明的层次美感。对某一部分的强调，可以打破全局的单调感，使整个办公空间变得有朝气（图 4-52）。

图 4-51　比例合理的布置

↑利用“黄金分割”定律，将花瓶放在办公桌偏左或偏右的位置，视觉效果更加活跃。

图 4-52　节奏适当，强调重点

↑通过陈设品体量大小的区分、空间虚实的交替、构件排列的疏密、长短的变化、曲柔刚直的穿插等变化来实现节奏与韵律的美，同时强调某一部分，形成唯一的视觉中心。

4. 多样配置，统一协调

办公家具要有统一的风格和格调，再通过饰品、摆件等细节的点缀，进一步提升空间环境的品位。调和是将对比双方进行缓冲与融合的一种有效手段。常见的方法有暖色调的运用和柔和布艺的搭配（图 4-53）。

a）照片墙

b）棋盘墙

图 4-53　遵循多样与统一的原则

↑陈设品布置应遵循多样与统一的原则，使之与家具构成一个整体。照片墙上的照片虽然排列密集，但是却按照片的边框色进行了分类。墙面上的棋子经过组合排列后形成代表企业文化的图案。

第5章 办公照明设计

识读难度：★★★★☆

重点概念：照明设计、质量要求、布局与形式

章节导读：现代办公照明设计要求既要有使用意义，同时还需具备装饰作用。良好的照明设计不但能给人生理、心理上的舒适感和安全感，还能激发办公人员的工作热情、提高工作效率。目前绿色环保理念在设计项目中的广泛盛行，照明在设计中的节能要求日益受到重视。在保证基本照度的前提下，照明的质量不再单纯以照度、光色、氛围等直观感受为评价标准。节省电能、提高用电效率成为评价照明质量的重要标准。

5.1 照明的质量要求

良好的照明设计不但能给人生理、心理上的舒适感和安全感，还能激发办公人员的工作热情，进一步提高办公人员的工作效率。衡量办公照明设计的重要标准就是照明的质量。针对不同的办公空间设计项目，影响照明质量的因素主要有：照明设计成本、技术指标、舒适度、节能性、艺术表现、安装维护等。

5.1.1 照明基本概念

办公照明设计是指能满足长时间工作活动的自然采光与人工照明设计（图 5-1）。

a）SOHO 办公区

b）办公空间接待区

图 5-1 办公照明设计

→既要考虑相关工作面的照明要求，又要创造一个美观与舒适共存的办公视觉环境。在充裕的自然采光环境下，也要合理搭配室内照明灯具，补充室内纵深空间采光的不足。

为了让读者能够更好地了解照明相关内容，表 5-1 详细地列出了几个关于照明的基本名词及相关解释。

表 5-1 与照明相关的基本名词

序号	关于照明的名词	定义	单位
1	光照度	单位面积上所接受可见光的能量	lx（勒克斯）
2	光通量	人眼所能感觉到的光源在单位时间内发出的光量	lm（流明）
3	光强度	光源在指定方向上的发光强度	cd（坎德拉）
4	光亮度	发光面或被照面反射的光通量	cd/cm^2 或 cd/m^2
5	显色性	光源射到物体上，呈现物体颜色的程度	

（续）

序号	关于照明的名词	定义	单位
6	色温	一种温度衡量方法，与大众所认为的“暖”和“冷”正好相反，色温越低，色调越暖（偏红）；色温越高，色调越冷（偏蓝）	K（开尔文）
7	眩光（直射眩光、反射眩光）	由于光线的亮度分布不适当或亮度变化太大所产生的刺眼效应	
8	发光效率	光通量与功率的比值，可以作为不同发光光源性能比较的依据之一	lm/W

5.1.2 合理的照度与亮度分布

1. 合理的照度分布

针对不同环境，国家出台了相关照明设计的标准，其中一项重要的指标就是在功能空间内要有合理的照度水平，工作面上的照度要分布均匀。一方面，要求局部工作面照度值不大于平均值的 25%；另一方面，将一般照度中的最小照度与平均照度的比值规定在 0.7 以上。办公空间照明设计的推荐照度值如表 5-2 所示。

表 5-2 办公空间照明设计推荐照度值

不同功能的场所		平均照度 /lx	办公空间
非经常使用区域	暗环境的公共区域	20 ~ 50	过道
	短暂逗留的区域	70 ~ 100	休闲区、楼梯间、电梯间
	不进行连续工作的空间	150 ~ 200	门厅、接待区
办公区一般照明	视觉要求有限的区域	300 ~ 500	员工办公区
	普通要求的办公作业区	500 ~ 750	接待室、会议室、独立办公室
	高照明要求的办公区	1000 ~ 1500	普通实验室
精密视觉作业的附加照明	长时间精密作业区	2000 ~ 4000	精密实验室
	特别精密的视觉作业区	5000 ~ 8000	展示、陈列室
	特殊精密作业（手术）	8000 ~ 15000	测试装配室

在确定照度时，应考虑人体视力和心理两方面因素。通常人在阅读或做其他视觉工作时，至少需要 500lx 的照度，而实际上为了减轻眼睛的疲劳，在精密劳动的工作环境中需要 1000 ~ 2000lx 的照度（图 5-2）。

a）低照度

b）高照度

图 5-2 办公空间照度变化

↑低照度适用于办公空间中的会客区与休闲区，高照度适合贵宾会客区，合理提高相应照度标准，适当增加重点区域办公空间的照度，也会使空间有开敞、明亮的感觉，更是有助于提高办公人员的工作效率，提升企业形象。

2. 合理的亮度分布

办公空间各表面要有适当的亮度分布（图 5-3、图 5-4）。如果亮度过强，则人的注意力不易集中，因此办公区的亮度应当分布均匀，多以顶棚平板灯光为主，展陈区的亮度应当分布集中，提高局部亮度与对比度。

图 5-3 合适的亮度分布变化

↑亮度分布变化不宜过大，否则容易引起视觉疲劳。如果要对局部装饰造型强化照明，要对光源进行适度遮挡，避免产生不必要的眩光。

图 5-4 合适的亮度对比度

↑渲染照明气氛时，需要合理调整亮度分布的变化，把握好亮度对比度。

除特定环境外，如果亮度分布差别过大，则会引发使用功能上的不便利。因眼睛不能适应光差而产生的安全隐患也是存在的。空间各表面的亮度分布与顶、墙、地材料的反射比值有一定关系。一般情况下推荐顶棚材料的反射比值为 0.7 ～ 0.8，墙面隔断的为 0.5 ～ 0.7，地面的为 0.2 ～ 0.4。办公空间照明设计推荐亮度比如表 5-3 所示。

表 5-3 办公空间照明设计推荐亮度比

所处场合情况	对比元素	推荐亮度比
工作对象与周围界面	书面：桌面	3：1
工作对象与建筑室内	书面：地面或墙面	5：1
工作对象与灯具或窗	书面：灯具或窗	1：10
工作对象与日光直射	书面：日光直射	1：30

5.1.3 办公照明节能设计

在保证基本照度的前提下，仅靠直观感觉布置灯具已经不能满足新的设计需求了。评价照明质量的好坏，也不再局限于照度、光色、氛围等直观感受，还要提高用电效率，达到节省电能的目的（图 5-5）。这也是未来办公空间照明设计环保发展的必经之路。

a）合理运用自然光

b）人工照明辅助

图 5-5 自然采光与人工照明设计

↑大部分办公空间照明设计都倡导以自然采光为主、人工照明为辅的照明方式，可以有效节约照明成本，也有利于创造一个绿色、节能、舒适的办公环境。将建筑中的窗户完全保留下来，如果内空较高，也可以通过吊顶设计来保留墙面上的开窗，室内可用少量灯光加以点缀，形成丰富的照明效果。

在进行办公空间的照明节能设计时，还可以从以下几个方面入手。

1. 充分利用天然光照

办公空间的光系数或采光窗户的面积应符合《建筑采光设计标准》。在室内光照充足时，应关掉部分或全部照明灯具，充分利用自然光。在经济条件允许的情况下，可以加装各种导光装置，将天然光导入室内，从而达到节能的目的。例如，墙面涂白，白色墙面的反射系数最高可达 75%～80%，节能效果显著（图 5-6）。

a）利用大面积采光窗引入自然光

b）浅色家具与墙面反光

图 5-6　受光面的反射性

→要提高光的利用率，可以充分利用室内受光面的反射性。如果开窗面积大且采光较强，室内地面、墙面、家具可以选用中性色或弱反射灰色，降低自然光的强反射。如果开窗面积小且采光较弱，可以选用光洁的浅色家具和墙面，并辅以室内灯光照明。

★补充要点★

自然界的光照

自然界一昼夜（24h）为一个光照周期，有光照的时间称为明期，没有光照的时间称为暗期，自然光照一般是以明期来计算光照时间的。

为期 24h 的光照周期为自然光照周期；为期长于或短于 24h 的称为非自然光照周期；如果在 24h 内只有一个明期和一个暗期，则将其称为单期光照；在 24h 内出现两个或两个以上的明期或暗期，则将其称为间歇光照。一个光照周期内明期的总和即为光照时间。

不同季节照度也会有所不同。例如，我国华北地区四季阳光直接照射的照度值分别为：春季 40000 ~ 70000lx，夏季 60000 ~ 100000lx，秋季 45000 ~ 70000lx，冬季 20000 ~ 40000lx。其中，夏季没有太阳的室外照度值为 3000 ~ 10000lx。应该根据这些照度值的变化，对办公室内的灯具进行分控设计，满足不同季节的使用需求。

2. 选择合适的光源和灯具

办公空间内应尽可能减少使用白炽灯，对于有特殊要求的场所还是可以选用的，如照明时间要求较短的场所、瞬时启动和连续调光的场所、防止电磁干扰要求严格的场所（图 5-7、图 5-8）。

选定节能光源的同时也要选用高效灯具。对于荧光灯和高强度气体放电灯而言，开敞式灯具效率不宜低于 0.75，装有遮光格栅的应不低于 0.6。

图 5-7　荧光灯
←荧光灯结构简单、光效高、发光柔和、寿命长，在办公照明设计中，它是应用广泛、用量最大的气体放电光源，也是办公空间首选的高效节能光源。

图 5-8　白炽灯
←白炽灯适合频繁开关，对于有特殊要求的场所来说可以选用，如具有就餐功能的会议桌上，但是耗电量大，应控制使用范围。

3. 选择合理的照明控制方式

照明灯具的控制应采用科学合理的分配形式，来提高供电系统的节能效率。公共建筑和工业建筑的照明宜采用智能集中控制方式，并按建筑使用条件和天然采光状况分区、分组控制（图 5-9）。

a）多头组合装饰灯

b）单头灯

图 5-9　照明控制开关
↑每个照明开关所控光源不宜太多，多头组合装饰灯可设置一个开关集中控制，单头灯则是每个灯设置一个开关。

5.2 合理计算照明

办公空间照明的计算很复杂，正确的照明计算是成功完成空间照明设计的重要基础。对于设计师而言，不仅需要具备运用灯光营造环境气氛的审美能力，还要能对照明设计进行量化计算。量化计算能得出办公空间中应选用的灯具功率和数量，合理分配照明采光资源，降低能耗，提高办公空间的照明视觉效果。

5.2.1 简单计算照度值

照度会受到照明灯具设计、光通量、安装高度、房间大小和反射率等影响。其中比较重要的因素为灯具的光通量，这个数据会标识在灯具的标签上，选购不同灯具时应当仔细查看这些数据。

根据照度的基本计算方法，可以迅速得出所需的数据，并将其运用到合适的区域，下面介绍照度的基本计算方法。

照度的计算方法：

照度（lx）=光通量（lm）÷ 面积（m^2）

空间所需照度（lx）=光源总光通量（lm）÷ 空间面积（m^2）÷2

简化照度的计算方法是用光源的总光通量除以被照明场所的面积，然后再除以 2，这样就能得到被照明场所的照度近似值。掌握这种计算方法能够使照明设计更科学化、数据化。

在进行照明设计时，可以较多地采用调光装置或运用多种组合的照明方式来达到不同的照度效果。灯具设计应当多元化，以多功能会议室为例，顶部主照明灯具至少应设计三种不同的形式，如发光灯片、筒灯、灯带等，这些灯具的照度值应当独立计算。每种灯具照度值不宜相差太大，不宜超过 2 倍，否则就会导致某些灯具成为照明重点，局部墙面、地面照度值过高，影响参会人员的注意力（图 5-10）。

在计算简化照度时，所得出的数值只能作为参考值，在实际运用中，还需要根据办公空间的规模、形状、装饰材料、设计主题、适用人群等来对最终照度值进行调整，要求设计既能达到照明的需求，同时也能遵守节能、环保的设计原则。以走廊式员工办公区为例，由于侧面墙开窗面积大，顶棚照明灯具可以适当减少，但是照度值要精确计算，保证天阴时或夜间办公的照明需要（图 5-11）。

图 5-10 大会议室照度变化

←即使在同一空间，由于场景的需求不同，照度值也会有所不同。大会议室在满员开会时，全部灯光打开，按最大照度计算；播放影片视频时，仅开启周边过道顶棚的筒灯，需要额外计算照度。

图 5-11 小会议区照度变化

←不同的自然光环境所呈现的照度值也是不一样的，昼夜变化以及天气条件的变化都会对照度值有所影响。

5.2.2 科学计算照度值

照度还可以用空间利用系数来计算，空间利用系数是指在工作面或其他规定的参考平面上，反射光通量与灯具额定光通量和之间的比值。

用空间利用系数计算照度的方法：

平均照度 = 单个灯具光通量（lm）× 灯具数量（个）× 空间利用系数 × 维护系数 ÷ 地板面积（m^2）

这种方法适用于面积较大、内空较高的办公空间照明计算。

单个灯具光通量（Φ）指的是这个灯具内所含光源的裸光源总光通量值。空间利用系数是指从照明灯具放射出来的光束有百分之多少到达地面和作业台面，所以照明灯具的设计、安装高度、室内面积、反射率的不同会使空间利用系数也随之变化，例如大型会议室的空间利用系数为 0.6，常规办公区的空间利用系数为 0.8，实验室或员工办公区的空间利用系数为 0.9（图 5-12、图 5-13）。

图 5-12 灯具反射光通量与悬挂高度有关

↑空间利用系数的数值变化与灯具的悬挂高度有关，一般灯具悬挂高度越高，反射的光通量就越多，空间利用系数也就越高。

图 5-13 光通量与空间面积有关

↑空间利用系数的数值变化还与空间的面积及形状有关，空间的面积越大、越接近于正方形，直射光通量就越多，空间利用系数也就越高。

维护系数（K）主要受到空间清洁程度、灯具使用时间等因素影响。较清洁的场所，如办公室、会议室、阅读室、展厅等空间的维护系数适宜取 0.9；门厅、过道的维护系数适宜取 0.8；机械加工车间、装配室等场所的维护系数则适宜取 0.7；污染指数较大的场所的维护系数适宜取 0.6 左右。

依据灯具在不同空间中的空间利用系数，可以计算出照度值与所需灯具的数量，但要注意所有的数值并不是一成不变的，这些系数可能会随着装饰材料的变化而变化。

此外，这些系数与墙壁、顶棚、地板的颜色和洁净情况也有关系，墙壁、顶棚等颜色越浅、表面越洁净，反射的光通量越多，空间利用系数与维护系数也就越高。灯具的形式、光效和配光曲线也会对空间利用系数产生影响，因此最好选用优质、高档的品牌灯具（图 5-14、图 5-15）。

图 5-14 空间利用系数与墙面、顶棚材料有关

↑墙面、顶棚材料在符合风格的前提下，尽量选择色泽较浅，表面质地较光滑的材料，这样更便于照明设计。

图 5-15 空间利用系数与灯具洁净度有关

↑灯具在使用期间，光源本身的光效会逐渐降低，灯具会逐渐陈旧脏污，被照场所的墙壁和顶棚会有污损，工作面上的光通量也会因此有所减少，设计时必须要考虑这一点。

空间利用系数还与空间特征系数有关，办公空间特征系数主要包括顶棚空间特征系数、室空间特征系数与地板空间特征系数。

一般将空间的横截面分为三个部分：从灯具出口平面到顶棚的区域称为顶棚空间；从灯具出口平面到工作面的区域为室空间；从工作面到地面的区域称为地板空间。这三个空间有各自的空间系数计算方法。

顶棚空间系数（CCR）=5×hcc×（*L*+*W*）÷（*L*×*W*）=（hcc÷hrc）×RCR

室内空间系数（RCR）=5×hrc×（*L*+*W*）÷（*L*×*W*）

地板空间系数（FCR）=5×hfc×（*L*+*W*）÷（*L*×*W*）=（hfc÷hrc）×RCR

此处公式中 hrc 指室内空间的高度，hcc 指顶棚空间的高度，hfc 指地板空间的高度，*L* 指整个房间的长度，*W* 指整个房间的宽度，单位均为 m。从这三个公式不难看出这三个空间关系密切，其空间系数的计算方式也相互关联（图 5-16）。

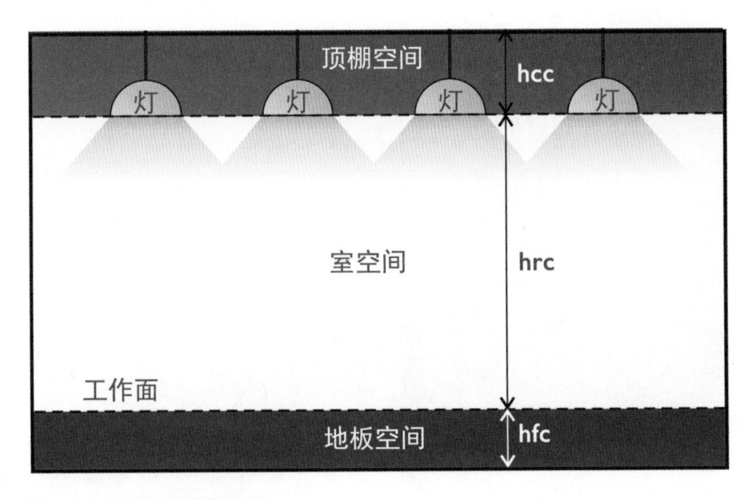

图 5-16　各空间区域划分

↑图中清晰标明了顶棚空间、室空间、地板空间的划分区域，灯具在这些区域有不同的反射比，相应的空间利用系数也会有所不同。在进行照明设计时，首先要明确照射空间的各空间特征系数，对于每个空间的照射高度也要有明确的标准值。

5.3 照明布局方式与形式

只有通过光线，人才能看到万物景象。在办公空间照明设计中，强调采光与照明不仅能够满足视觉功能上的需要，还能使环境空间具有相应的气氛与意境，提高了环境的舒适度，不同的照明方式能制造不同的视觉效果。

5.3.1 办公照明方式

光在空间的分布情况会直接影响到光环境的组成与质量。在进行办公空间的照明设计时，要结合视觉工作特点、环境因素和经济因素来选择灯具。同时，利用不同材料的光学特性，如透明、不透明、半透明质地，制成各种各样的照明设备，重新分配照度和亮度。根据不同需要来改变光的发射方向和效果，增强办公环境的艺术效果。在常见办公空间中，灯具按散光方式分为以下几种。

1. 直接照明

光线通过灯具射出，其中 90% ~ 100%的光线到达照射面上，这种照明方式为直接照明，如射灯、筒灯、吸顶灯、带镜面反射罩的集中照明灯具等（图 5-17）。

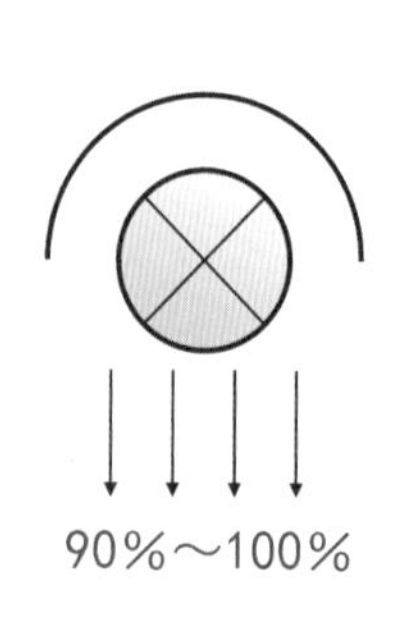

a）直接照明

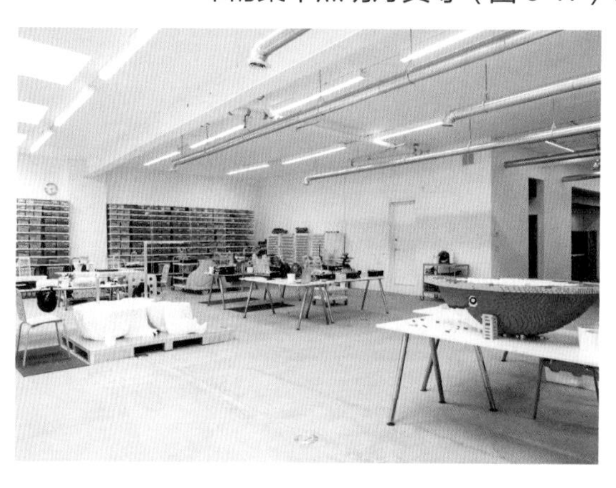

b）直接照明大空间应用

c）直接照明小空间应用

图 5-17　直接照明设计

↑直接照明具有强烈的明暗对比，并能形成有趣生动的光影效果，可以突出工作面在整个环境中的主导地位，但是由于亮度较高，应防止眩光的产生。

2. 半直接照明

半直接照明是将半透明材料制成的灯罩罩住光源上部，60% ~ 90%的光线集中射向照射面，10% ~ 40%被罩光线经半透明灯罩扩散而向上漫射，其光线效果比较柔和。漫射光线能照亮平顶，使办公空间的顶棚高度似有增加，因而能增加一定的空间感（图 5-18）。

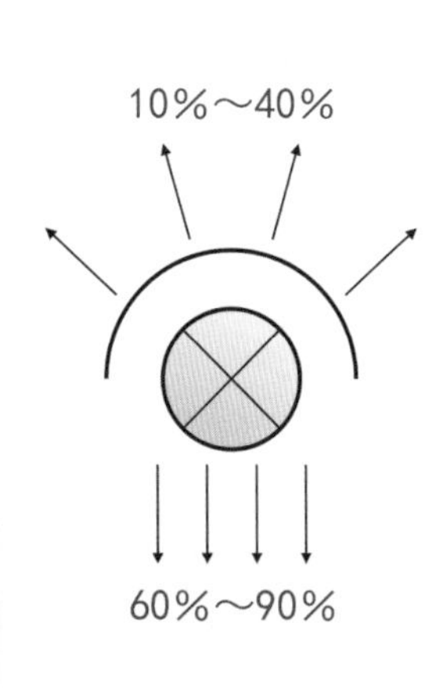

a）半直接照明　b）镂空灯罩吊灯　c）光源上部带灯罩吊灯

图 5-18　半直接照明设计

↑光线多数集中射向照射面，少部分被罩光线经半透明灯罩扩散而向上漫射，因而光线较柔和，常用于净空较低的房间。这种照明方式对灯罩的材质有严格的限定，多选用较厚的 PVC 材料制作灯罩，既有一定透光性，又能将光源集中向下照明。如果灯罩材质不尽人意，还可以通过局部吊顶来强化反光效果。

3. 间接照明

间接照明是将光源遮蔽而产生间接光的照明方式，90%～100%的光线通过顶棚反射，10%以下的光线直接照向照射面，光照较弱。通常有两种方法塑造间接照明：一种是将不透明的灯罩装在灯具的下部，光线射向平顶或其他物体上反射成间接光线；另一种是将灯具设在灯槽内，光线从平顶反射到室内，形成间接光线（图 5-19）。

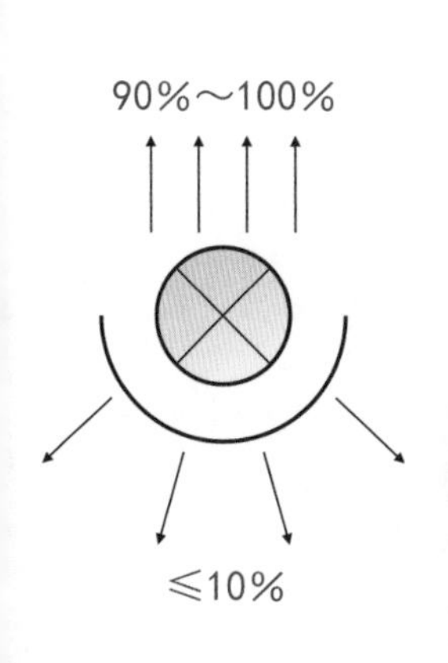

a）间接照明　b）光源下部带不透明灯罩　c）灯槽线条灯

图 5-19　间接照明设计

↑具有较强的装饰效果，照明的整体性较好，灯具造型变化大。灯罩多采用不透光或弱透光材质。在灯具上部要预留出灯光照射的面域，这样才能让光线从上面反射下来。

4. 半间接照明

半间接照明与半直接照明相反，它将半透明的灯罩装在光源下部（图 5-20）。

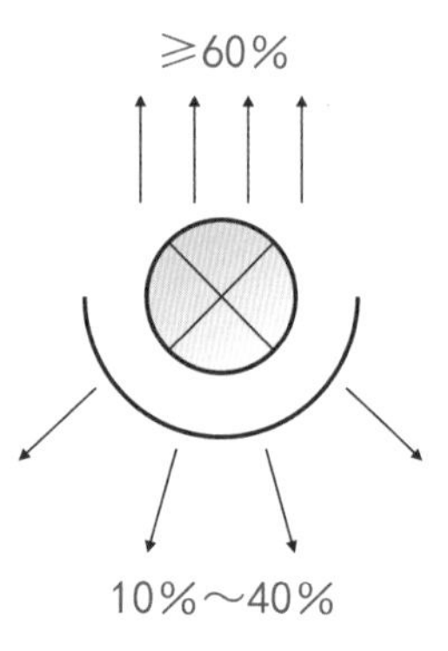

a）半间接照明

b）半间接照明在楼梯应用

c）半间接照明在休闲会议室应用

图 5-20　半间接照明设计

↑这种方式能产生比较特殊的照明效果，使较低矮的房间有增高的感觉，也适用于小空间，如门厅、过道、休闲会议室等。

5. 漫射照明

漫射照明是利用灯具的折射功能来控制眩光，40% ~ 60% 的光线经折射投射在被照明物体上，其余的光线经漫射后再照射到物体上，光线向四周扩散漫散，这种光线均匀柔和。漫射照明主要有两种形式，一种是光线从灯罩上射出，经平顶反射，两侧从半透明灯罩扩散，下部从格栅扩散。另一种是用半透明灯罩将光线全部封闭而产生漫射，这类照明光线柔和，视觉效果舒适（图 5-21）。

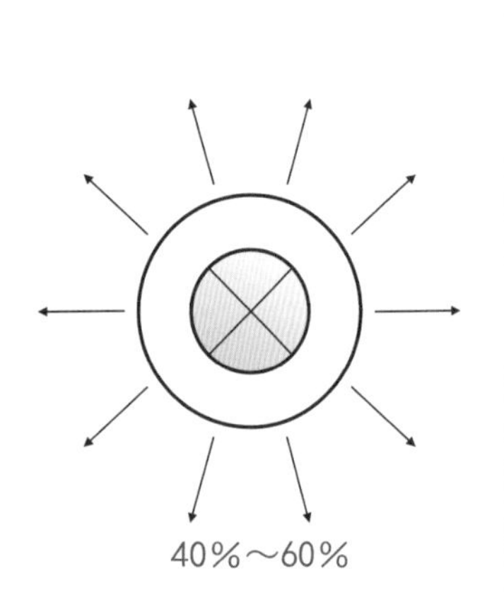

a）漫射照明

b）漫射照明在过道应用

c）漫射照明在楼梯应用

图 5-21　漫射照明设计

↑照明效果较弱，具有较强的装饰效果，照明的整体性较好。

适当的照明方式可以使色彩倾向与色彩情感发生变化，适宜的光线能对整个办公空间的色彩有重要影响。例如，直接照明可以使空间显得比较紧凑，间接照明则显得较为开阔，明亮的灯光会使人感觉宽敞，而昏暗的灯光会使人感到狭窄等。一定强度的光线还可使装饰材料的质感更为突出，如粗糙感、细腻感、反射感、光影感等，使空间的形态更为丰富。

直接照明与半直接照明都属于直接照明，用于对采光要求较高的空间，灯具造型相对简单。间接照明、半间接照明和漫射照明都属于间接照明，适用于对采光要求更多样、丰富的空间。在办公空间照明设计中，直接照明约占 30%，间接照明约占 70%。目前，更多办公空间会采用间接照明，或以间接照明为主导的综合照明。

5.3.2 办公照明布局

办公空间需要为办公人员提供简洁、明亮的工作环境，在满足办公人员工作、交流、思考、会议需要的同时，还需保持不同功能区域之间照明的统一性和舒适性，所营造的环境要能激发办公人员的工作热情，可选择基础照明、重点照明、装饰照明相结合的方式。注意不可将灯具布置于工作位置的正前方，以免产生阴影和眩光，影响工作。

1. 基础照明

基础照明是指大空间内的全面基本照明（图 5-22）。

2. 重点照明

重点照明是指对特定区域和对象进行的照明。通常是为了强调某一对象或某一范围。同时，重点照明的亮度是根据物体种类、形状、大小、展示方式等确定的（图 5-23）。在办公桌上增加台灯能增加工作面照度，相对减少非办公区的照明，达到节能的目的。

图 5-22　基础照明
←这种照明形式的照度均匀一致，任何地方都光线充足，缺点是耗电量较大，经济负担偏大。

图 5-23　重点照明
→对管理层办公室的陈设品进行重点投光，能吸引人们的注意力。

★补充要点★

避免眩光，创造舒适的工作环境

眩光是指人的视野内出现过大的亮度对比，造成的视觉不适或视力减低的现象。眩光包括直接眩光和反射眩光，直接眩光是指裸露光源或自然光直射人眼，导致视觉不适和物体可见度降低；反射眩光则是指光线通过显示器、桌面、窗户玻璃等反射材料，间接反射到人眼引起的不适。直接眩光可以从光源的亮度、背景亮度与灯具安装位置等角度来避免；反射眩光可通过选择发光表面面积大、亮度低的灯具来有效避免。

当出现灯具的安装位置不合适，或灯具表面亮度过高等情况时，使用者会不可避免地产生眩光现象，从而影响整个办公空间的使用性和舒适性。避免产生眩光的方式有很多种，详情见表 5-4。

表 5-4　避免产生眩光的基本方式

序号	避免眩光的方式
1	对于使用者可能会直视的灯具，应降低灯具发光表面的亮度，如选择半透明亚光材料的灯罩，灯罩处于发光体下部
2	选择具有一定视线保护角的灯具，灯具发光具有指向性，不会将主要灯光直接投射到办公空间地面中央
3	对光源进行遮挡
4	尽量避免较大的照度差异，如玻璃展柜外光线较强，玻璃柜内也要补光，弥补内外照度的差异，否则极易产生反射眩光
5	适当限定灯具的最低悬挂高度，通常灯具安装得越高，产生眩光的可能性就会越小
6	减少不合理的亮度分布，如顶棚采用较高反射比的饰面材料，可以有效提高其亮度，避免产生眩光

3. 装饰照明

装饰照明是为了创造视觉上的美感而采取的特殊照明形式（图 5-24）。

a）强调被照物的效果

b）营造办公环境的氛围与情调

图 5-24　装饰照明

↑为了给办公人员的活动增加情调，或为了加强某一被照物的效果，还可以增强空间的层次感及营造环境氛围。

5.4 不同功能区域照明设计

照明随处可见，它兼具点亮城市与美化环境的责任。同时，照明有着灵活且极具趣味的设计元素，百变的灯光赋予了建筑更强的观赏性与功能性。它既能为建筑空间增添浓郁的氛围感，同时也能加强建筑空间现有装潢的层次感。良好的办公照明不仅要有充足的照度，还应满足在工作中产生的各种需求。

办公空间的功能分区应根据办公机构性质和工作特点来考虑，不同功能区域的照明设计是不同的。下面介绍几个主要区域的照明设计（表 5-5）。

表 5-5　不同办公功能分区的照明设计

办公空间分区	图例	照明设计细节
 前台接待区		1）既是迎宾处，同时也是突显企业魅力与文化内涵的窗口，需要结合企业文化和企业定位来定制照明 2）要求具备比较高的亮度，可以选择特色吊灯作为基础照明，用来照亮前台内外环境，还可以利用内部发光灯条对前台的背景形象墙与企业 LOGO 进行重点照明，以此突出企业形象，展示企业实力
 员工办公区		1）所包含的功能分区较多，要求能为日常办公、沟通以及会议等提供明亮且适当照度 2）整体照明应以均匀性和舒适性为设计原则，布灯应统一间距，同时可结合地面功能区选择对应的灯具进行重点部分的重点照明 3）工作台照明可采用格栅灯盘，以使工作空间获取均匀的光线，在办公区通道内用节能筒灯作为补充照明

（续）

办公空间分区	图例	照明设计细节
管理层办公室		1）一般是部门经理使用，主要功能包括日常工作、会客、小型会议，照明应注重功能性，可选择防眩光的筒灯或漫射格栅灯进行主要照明 2）照明应结合空间装饰来完成室内氛围的营造，同时还可采用合适亮度的射灯来加强墙面的立体照明，营造舒适的办公环境
洽谈室		主要功能为洽谈，要求营造一种舒适、轻松、友好的气氛，可以选择显色性较好的筒灯，以柔和的亮度为宜，同时要注意对立面的企业 LOGO 或海报做重点照明
会议室		1）包括培训、会议、谈判、会客、视频展示等主要功能，照明应能够依据不同的功能需要进行灵活的改变 2）其整体照明要能看清参会者的面部表情，同时应该避免不合适的阴影和明暗对比，可利用射灯对墙立面进行洗墙照明 3）小型会议室照明要结合空间结构来设计，可使用壁灯或射灯做间接照明，同时会议室照明还需考虑会议桌上方的照明，可选择照度适宜的悬挂型吊灯做主要照明
通道		作为连接各个部门的公共区域，在设计照明时要充分考虑通道顶棚的结构和高度，可选择隐藏式灯具照明或节能筒灯照明

★补充要点★

照明灯具最佳悬挂高度

工作场所的照明，应该保证足够的亮度。悬挂照明灯具也应遵守相应的高度规定，且不得任意挪动。一般照明的最低悬挂高度如表 5-6 所示。

表 5-6　一般照明的最低悬挂高度

照明器形式	漫射罩	灯泡	保护角	最低悬挂高度 /m			
				灯泡功率 ≤ 100W	灯泡功率 150 ~ 200W	灯泡功率 300 ~ 500W	灯泡功率 ≥ 500W
带反射罩的集照型灯具	无	透明	10° ~ 30°	2.5	3.0	3.5	4.0
			> 30°	2.0	2.5	3.0	3.5
		磨砂	10° ~ 90°	2.0	2.5	3.0	3.5
	在 0° ~ 90° 区域内为磨砂玻璃	任意	< 20°	2.5	3.0	3.5	4.0
			> 20°	2.0	2.5	3.0	3.5
	在 0° ~ 90° 区域内为乳白玻璃	任意	≤ 20°	2.0	2.5	3.0	3.5
			> 20°	2.0	2.0	2.5	3.0
带反射罩的泛照型灯具	无	透明	任意	4.0	4.5	5.0	6.0
	在 0° ~ 90° 区域内为乳白玻璃	任意	任意	2.0	2.5	3.0	3.5
带漫射罩的灯具	在 40° ~ 90° 区域内为乳白玻璃	透明	任意	2.5	3.0	3.5	4.0
	在 60° ~ 90° 区域内为乳白玻璃	任意	任意	3.0	3.0	3.5	4.0
裸灯	在 0° ~ 90° 区域内为磨砂玻璃	任意	任意	3.0	3.5	4.0	4.5
	无	磨砂	任意	3.5	4.0	4.5	6.0

第6章

功能分区设计

识读难度：★★★☆☆

重点概念：功能、布局、区域、类型、分布

章节导读：办公空间的平面布局设计是一个由功能分区开始，然后逐步细化的过程，或者是由宏观设计逐步向微观设计转化的过程。功能空间的划分要明确合理，以提高空间的使用效率。按照办公活动与功能需求的不同，可以明确划分为前台接待区、员工办公区、管理层办公区、会议室等。如果这些功能区划分不明确，工作环境会变得混乱。如果没有明确的接待区，就会影响外来客户的接洽；如果会议室与办公区没有明确的划分，办公环境会变得嘈杂、纷乱，两个空间相互影响。因此，根据功能需求进行空间划分是办公空间设计的关键。

6.1 办公空间功能分区

办公空间一方面要提高工作效率，另一方面还需要塑造企业形象。优秀的办公空间设计应该满足使用与艺术的双重功能，从功能分区入手更容易把握整个方案设计的合理性。平面布局方案就是按照典型的功能关系将空间进行分区分布。前台接待区连接着员工办公区，管理层办公室在员工办公区的边缘，会议室、洽谈室、设备间等独立围合。这一切以建立合理科学的工作秩序为目标。

6.1.1 办公空间分区安排

由于各行各业的工作内容有着明显区别，对办公空间的分区也各不相同。功能分区的数量与规模要根据办公性质与具体分工来确定。从功能上来看，主要包括艺术功能与使用功能两大环节，由此继续细分为多种功能需求（图 6-1）。

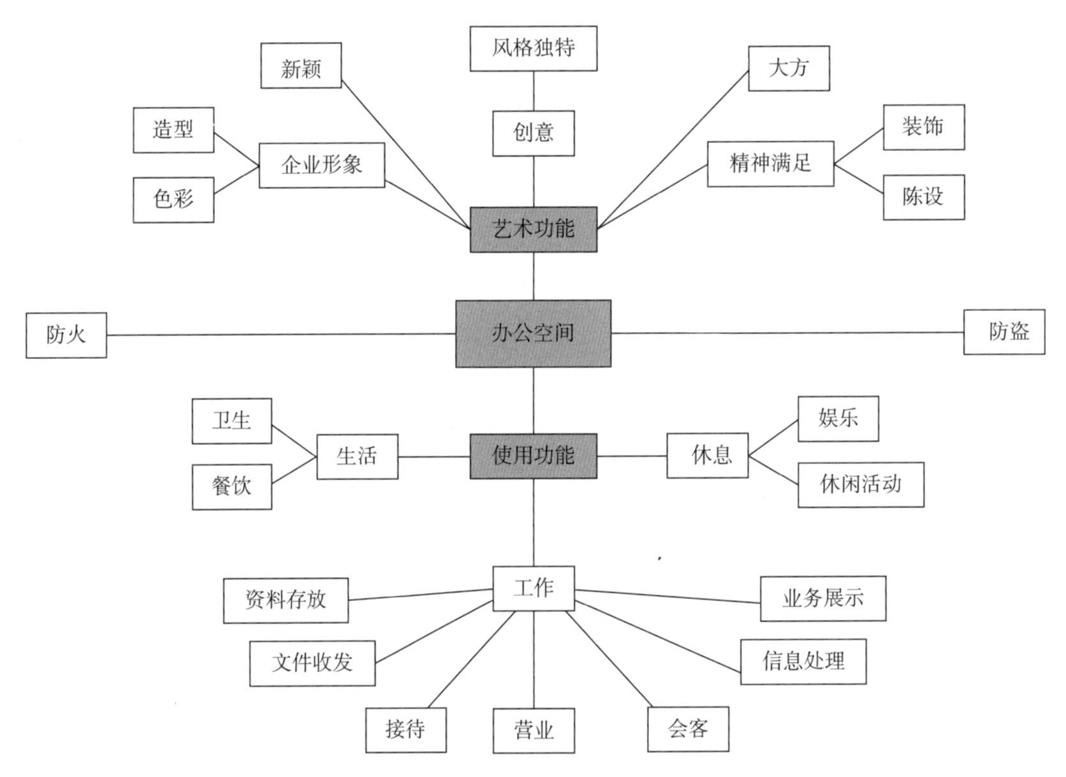

图 6-1　办公空间设计的功能分析

办公空间功能分区的安排，一定要符合工作使用。常见的办公空间主要包括以下功能分区：前台接待区、员工办公区、管理层办公室、会议室、洽谈室、茶水间、卫生间、设备间等。将这些区域划分完毕，再逐一进行细化设计，布置家具、绿植、陈设等。

1. 前台接待区

前台区处于整个办公空间最重要的位置，是给客户第一印象的地方。一方面对外展示企业形象和文化特征，另一方面满足接待问询、员工考勤等必要功能。企业的“实力、专业、规模”往往最能通过前台区传达给客户。

前台区的设计除了需要在空间视觉上加强形式感外，在面积分配上也要精心考虑（图 6-2）。在平面布局时，往往要过多压缩前台接待区的面积（图 6-3）。

图 6-2　游泳馆前台接待区

↑门厅的面积要适度，过大会浪费空间，过小则影响企业形象。

图 6-3　办事处前台接待区

↑在面积允许的情况下，可以设置少量植物小景或装饰品陈列区。

2. 员工办公区

员工办公区在平面布局时得到的空间最大，也是整个办公空间构成的主体（图 6-4）。

在实际设计中，员工办公区是各个办公部门整合的统称，要合理地规划各个部门办公空间的位置、面积（图 6-5）。

图 6-4　创作画室办公区

↑办公区的面积和位置必须根据部门人数和工作需要来规划，并且参考建筑结构。有创作绘画功能的办公区需要搭配大容量文件柜，桌面清空电脑设备后能进行大幅面图纸创作。

图 6-5　常规办公区

↑由于办公流程的不同，不同部门之间的联系程度也不同；根据联系的紧密度，合理安排、划分各部门之间的位置，有助于提高实际办公效率。

员工办公区的布局形式主要在于办公桌的组合形式。通常工作室的办公桌多为横竖向摆设，特殊情况或空间面积较大时，可以考虑斜向排列等多种方式（图 6-6）。

a）员工办公区

b）小型会议区

图 6-6　办公区设计

↑对于开敞式办公区而言，办公桌组合需要更有新意，才能体现出企业的文化与品位，也可设置 4 人小会议桌，讨论问题会更加便捷。

3. 管理层办公室

管理层办公室不仅要向客户展示企业的形象与实力，同时还要显示管理者的品位素养。一般采用单独式房间，并紧靠所管辖的部门员工，但是有时也会为了便于相互间的信息交流、沟通而将其安排在开敞式办公区域的一角，通过隔断将空间区域间隔开。

相对其他区域，管理层办公室要更显高端。一般在整体空间划分时占据较好的位置，包括面积、采光、风水、私密性等（图 6-7）。

a）办公室隔断

b）办公室内部

图 6-7　管理层办公室设计

↑多采用单独式房间，通过隔断将空间区域间隔开，办公椅后面可以设装饰柜或文件柜，也可以在房间中适当增设沙发、茶几作为会客区和休息区。

4. 洽谈室

洽谈室也称接待区，主要用于待客与洽谈，也是产品展示和宣传企业形象的空间。该区域面积一般在十几至几十平方米不等，洽谈室还需预留陈列柜、镜框以及宣传品的位置（图 6-8）。

a）封闭式接待区

b）开放式接待区

c）半开放式接待区

图 6-8　洽谈室设计

↑洽谈室区域面积不宜过大，选用沙发和茶几组合或者桌椅组合，必要时两者可同用，但必须分布合理。

5. 会议室

会议室和洽谈室都是用于集体商谈、讨论工作的空间。如果整体办公空间面积不足，可以将这两个空间合并成一个空间使用（图 6-9）。

a）围合式会议室

b）阵列式会议室

图 6-9　会议室设计

←一方面要充分考虑会议室的形式、会议的规模、办公者人数以及实际应用需求；另一方面应考虑该空间的应用状态与方式，包括围合式和阵列式。

6. 辅助功能区

办公环境中的辅助功能区包括餐饮间、电话间、冥想室、资料室、设备室、更衣室等。实际上，并不是每个企业都设置有这些辅助功能区，而这些区域的设计关系到整个办公环境的实际使用品质（图 6-10）。

a）健身室

b）乒乓球室

c）电话间

图 6-10 辅助功能区

→适当的辅助功能区设计不仅不会影响办公者的工作效率，反而能激发办公者对企业的归属感。

★补充要点★

办公空间的设计要点

（1）平面布局 应考虑家具和设备的尺寸、排列组合方式，办公者使用家具、设备的必要活动空间，以及房间出入口至工作位的通行方式等。

（2）平面办公位置 可按功能需要进行整体统一安排，也可组团分区布置，通常 5 ~ 7 人为一组，据实际需要安排，组团之间可联系，但要减少过多的穿插，避免干扰工作。

（3）人均占地面积 据办公楼等级标准的高低，办公者常用的面积定额为 3.5 ~ 6.5 m^2/人，依据上述定额可以在已有办公空间内确定工作位置的数量，但不包括过道面积。

（4）办公空间采光 从节能和有利于心理感受的角度考虑，办公空间应具有天然采光，采光系数中窗、地面积比应不小于 1∶6（侧窗洞口面积与室内地面面积的比）。

（5）办公空间高度 综合各方面考虑，办公空间净高应不低于 2.8m，空调设置应不低于 2.6m。

6.1.2 业务性质分类

办公空间包含的内容十分丰富，不仅有独立办公空间，还包括从事商业、服务业等活动的办公空间，以及党政机关从事行政事务的办公空间。因此，设计中需要考虑多方面复杂的因素。

1. 商业办公空间

商业办公空间包括商业企业和服务业企业的办公空间，有明确的营利性质，在配套设施上非常齐全，如引导显示屏、书写台、文具、档口分隔隔断等（图 6-11）。

2. 行政办公空间

行政办公空间包括党政机关、人民团体、工矿企业、事业企业的办公空间。空间分隔成小单元模块化，一个独立的办公区通常放置 4 ~ 6 个办公位，形成协作团组（图 6-12）。

图 6-11　银行窗口

↑这类型的办公空间较讲究，注重形象的塑造，其经营要给顾客信心，设计风格往往带有行业窗口的性质。

图 6-12　企业办公室

↑这类型的办公空间具有一定的时代感，设计风格多以朴实、经济实用为主。企业部门居多，分工具体，并且形象稳重、严肃。

3. 专业办公空间

专业办公空间是指各专业企业所使用的办公空间，其属性可能是商业企业或者行政企业，如科研部门、设计机构，以及金融、贸易、保险等行业的办公空间。

4. 综合办公空间

综合办公空间包含旅游业、服务业、工商业等行业的办公空间，其设计与其他办公空间相同。目前，随着社会的不断发展和各行业分工的进一步细化，各种新概念的办公空间还会不断涌现。

6.2 办公空间布局

在办公空间设计中引入生态环保意识，力求人与自然能完美融合。在办公空间内营造绿色生态环境是设计的一大发展趋势。与此同时，办公空间设计要注意防火、防盗、装修等方面的安全因素。安全出口和消防通道的设置要符合国家防火规范规定。装修用材、电路布线要按消防标准施工，防盗设施要牢靠。

6.2.1 办公空间布局形式

办公空间往往是企业形象的体现之一，不同的企业具有不同的工作特点。方案设计之初，对企业类型和企业文化要有深入的了解，以便在办公空间设计中反映出该企业的风格与特征。只有这样，设计才具有个性与生命力。

室内办公、公共服务、附属设施等各类用房之间的面积比例，房间的大小、数量等均应根据办公楼的使用性质、建设规模和相应标准来确定。充分了解企业各部门的设置和相互之间的联系。这对办公空间的平面布局、区域划分、人流线路的组织至关重要。

1. 单间式办公空间

单间式办公空间是以部门为单元，安排不同大小和形状的室内空间，如政府机构的办公空间（图 6-13、图 6-14）。但当工作人员较多且分隔较多时，占用空间面积较大，且需现场装修，不易拆卸和搬运。

图 6-13　相互独立的房间

↑各个空间之间相互独立，并且相互干扰较小，要求整体面积比较充裕。

图 6-14　有独立电路系统的会议室

↑单间会议室内的灯光、空调等电路系统要能独立控制，在不使用的情况下，可单独关闭，节约能源。灯光应当分级设计，不同灯具有各自独立的开关。

单间式办公空间还可根据需要使用不同的间隔材料。其按间隔方式可划分为透明式、封闭式、半透明式等（图 6-15、图 6-16）。

图 6-15　透明式或封闭式办公空间

↑透明式办公空间除了采光较好外，还便于领导和各部门之间相互监督及协作，也可通过加窗帘等方式改为封闭式。

图 6-16　半透明式办公空间

↑半透明式办公空间保密性一般，同时也能起到一定的震慑、监管的作用。

2. 单元型办公空间

单元型办公空间既能充分利用各项公共服务设施，又具有相对独立性，因此多用于企业办公或共享办公（图 6-17）。

a）独立办公区

b）共享区

图 6-17　单元型办公空间

←除影印、资料展示等公共服务空间外，其他的空间具有相对独立的办公功能。根据功能需要和建筑设施的情况进行划分，通常内部空间可以分为接待会客区、办公区、会议室等空间。

3. 公寓型办公空间

以公寓型办公空间为主体组合的办公楼，也称办公公寓楼或商住楼（图 6-18），为企业办公者提供办公、居住双重功能，也为企业带来了方便。

a）办公区

b）生活区

图 6-18　公寓型办公空间

↑公寓型办公空间能够满足基本的办公需求，除此之外，还具有类似住宅的住宿、用餐、洗浴等功能。

★补充要点★

联合办公

联合办公也被称为“共享办公”，是一种为降低办公室租赁成本而共享办公空间的办公模式。共享办公正在成为现代企业为员工提供优秀工作场所的最佳选择（图 6-19）。联合办公空间内有独立的办公空间、公共的茶水间、公共的打印区、公共的设备室等各种空间。

a）单元共享办公区

b）休息会客区

图 6-19　联合办公空间

↑在联合办公空间中，允许一群来自不同团队、不同部门的人在同一个办公空间中共同工作，办公者可与其他团队分享知识、信息、技能以及拓宽社交圈子。单元共享办公区中，空间被玻璃隔断或隔墙围合起来，内部还可以继续设计虚拟分隔，但是主要功能区要能满足正常办公使用。在单元共享办公区以外的空间主要为过道和休息会客区，各个单位、企业的员工都能在这些区域活动，同时访客也是在这个空间与各企业的员工交流的。根据需要，联合办公空间还会配套共享会议室、健身房、餐厅等空间，供有偿租赁使用。

★补充要点★

居家自由的 SOHO 办公

SOHO 办公意为家居办公模式，也是近年来比较流行的一种办公形式。现今经济快速发展，交通拥堵、上班压力大、工作不自由等一系列因素，使得不少人更倾向于家居办公的形式，即办公者在家办公。当然，由于办公形式上的空间变得更大，办公者受约束比较少，所以要求办公者能有很强的自制能力。办公者往往更加看重 SOHO 办公环境的足够舒适与无限自由，使其有一个理想的工作状态。

家庭是人类的立足点，带有浓厚的感情色彩。现在，办公成为整个居住空间的一部分，办公空间及办公设备也被烙上家庭印记（图 6-20）。

a）书房办公

b）阳台办公

c）餐厅办公

图 6-20　SOHO 办公空间

↑ SOHO 办公空间中有着浓浓的居家性，工作、休闲、社交等方面的要求使居住空间不再是按照普通意义上的功能被硬性的划分，SOHO 办公家具则更是注重细致与简化。

4. 开敞式办公空间

开敞式办公空间是将若干个部门置于一个大空间中，并且每个工作台用矮挡板分隔，便于员工联系，却又可以避免相互干扰（图 6-21、图 6-22）。

开敞式办公空间常选用组合式家具，这类家具通常批量生产，其使用、安装以及拆搬都较为便捷。在现场安装过程中，可将各种运接线路（如供电线路、联网布线）暗藏于家具或隔板中。

在开敞式办公空间中，部门与部门之间的风格变化较小，干扰较大。空调和照明只有在部门人员同时办公时，才能充分发挥作用。如果只有部分人员办公，则浪费较大。因而这种形式的办公空间多用于银行、证券交易所等有许多人在一起工作的大型企业。

图 6-21　开敞式办公空间（一）
→工作台的集中处理，节省了不少隔墙和通道的位置，也随之避免了空间的浪费。

图 6-22　开敞式办公空间（二）
→对于高层领导办公室、会议室、洽谈室等对私密性有要求的部分办公区域，通常采用全封闭或者半封闭的形式，在保证一定私密性的同时，又与大空间保持联系。

5. 景观办公室

1960 年，德国一家出版公司创建了“景观办公空间”，当时在国外备受推崇。时至今日，高层办公楼的不断涌现，对于景观办公空间的发展起到了很大的推动作用。尤其是在被空调、电脑等电器设备围绕的办公楼里。为减小环境对人们的心理和生理造成的不良影响，减轻视觉疲劳，营造一个生机盎然、使人心情舒畅的工作环境尤为重要。

现代景观办公空间注重人性化设计，倡导环保设计观。旨在创造出一种非理性的、自然而然的，具有宽容、自在心态的空间形式，即人性化空间。这种空间通常采用不规则的桌子摆放形式。

办公空间的外观设计、内部空间设计等都应注重人与自然的完美结合，营造出类似户外的生态环境，使每个人都能以愉悦的心情、旺盛的精力投入到工作中去。

因条件限制，只是利用绿色植物并结合园林设计的手法，组织、完善、美化室内空间，也不失为一种时尚的设计风格（图 6-23、图 6-24）。办公者在生机盎然的绿色环境中不再有压抑感，绿色环境大大减轻了工作疲劳，激发了办公者乐观向上的工作积极性，使办公者的办事效率得到很大提高。

图 6-23　景观办公空间（一）
←室内色彩常以和谐、淡雅为主，并引用盆栽植物、低矮的屏风、矮柜等进行空间分隔。在景观办公空间设计中，生态意识应贯穿始终。

图 6-24　景观办公空间（二）
←植物拥有斑斓的色彩、自然的曲线、柔和的质感以及隽永的神韵，这些因素柔化了室内造型的生硬感，更赋予了办公空间蓬勃的生机和活力。

6.2.2　办公空间布局原则

随着 IT 技术的兴起，办公自动化技术以及移动通信的发展，各种不同类型的办公楼如雨后春笋般出现，人们对办公空间的舒适性与功能性也提出了更高的要求。办公空间的功能分区重点在于面积的分配与位置的选择，需要设计师把握以下设计原则：

1. 合理的空间尺度分布

功能分区设计受建筑空间的影响较大，在有限的建筑空间内，想要合理分布空间必须具备较好的尺度观念。对于空间尺度的把握，通常借助于人体工程学的众多参考数据。可以说，这些定式化的数据能够帮助设计师快速合理地布置空间。

与此同时，大多数的数据并不能解决诸多活动整合在一起时空间的尺度标准，它们只能代表某一种人员活动所需的空间数据。

例如，一间 $90m^2$ 的办公间，预留通道宽 0.6 ~ 1.2m，可容纳 13 ~ 20 张办公桌，并且每项数据都能符合人体工程学尺度要求，但是其布局方式可以有多种，内部尺度的选择也诸多。

对于空间尺度的把握，关键还是在于建立科学的尺度观，针对不同的设计对象，有不同的思考方式，将现有的人体工程学数据作为辅助参考（图 6-25）。

a）紧凑空间

b）宽松空间

图 6-25　不同的空间尺度

↑针对不同的设计对象，设计师可以以现有的人体工程学数据作为辅助参考，还可以通过代人实验、对比实验来找到最为合理的尺度组合。在紧凑空间中，可以注重墙面装饰色彩，墙面丰富的造型与色彩能起到点明空间主题的功能。宽松空间中可以放置运动器材，这样一来可以瞬间填满空余面积，同时获得丰富的使用功能。

2. 合理的秩序化设计

秩序化是平面布局的设计原则之一。通过合理的秩序化设计带来便捷有序的使用空间，从而提高工作效率（图 6-26）。在设计过程中，可以利用代人实验随时检验设计方案，有助于设计师找到设计方案的不足之处。即在设计好的办公空间中，模拟管理人员或员工进行正常的工作、活动，从中找出设计的不足并进行修改。

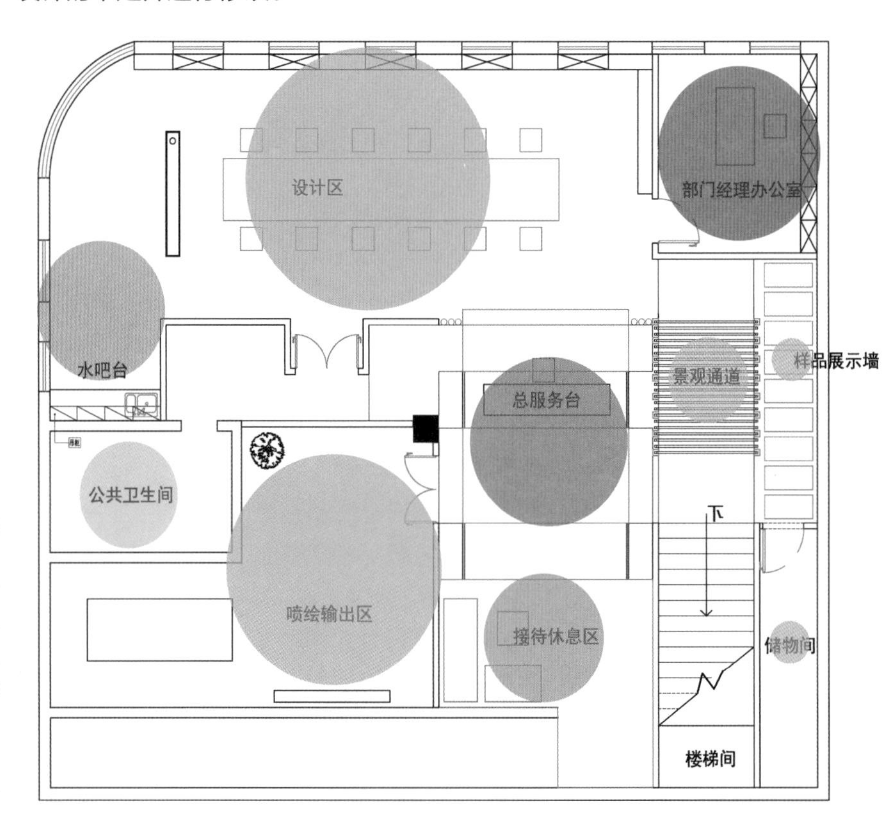

图 6-26　办公空间各功能区范围分布图

→要做到空间布局的秩序化，设计师可以通过与客户的沟通，了解设计对象的运行架构，明确各功能区的范围，避免功能区划分混乱不明。可以通过圆形气泡来标明各功能区之间的关系。

第7章 办公空间设计实例

识读难度：★☆☆☆☆

重点概念：办公空间、设计、案例

章节导读：设计师要考虑很多来自不同受众群体的设计需求，从工作人员的角度来看，要满足办公空间合理使用的要求；从管理者的角度来看，希望办公环境能塑造良好的运行秩序；从投资者角度，希望控制造价、装修成本，尽可能的物超所值；从施工者角度，希望施工工艺简单。与此同时，还要在办公空间设计中引入生态环保意识，力求人与自然能完美融合，营造出绿色生态环境，注意防火、防盗与其他安全因素，安全出口和消防通道的设置都要符合国家防火规范的规定，装修用材、电器布线要按消防标准施工。

7.1 双层开放式办公空间

主要用材：白色乳胶漆、艺术墙纸、木饰面板、复合木地板。

本设计实例将材料、质感、色彩、形式以及光与自然等要素汇集一起，着重展示建筑的空间美与结构美，力求完美体现室内空间与建筑空间的统一。设计使用多种装饰材料，追求时尚、明快的视觉效果。创造性地表现空间的品质和精神，重在解决访客的功能需求（图 7-1 ~ 图 7-21）。

前台区是公司的形象重点，通过木饰面的韵律感造型，通过灯光、色彩的效果，营造不一样的暖色氛围。过道墙面采用不规则的木饰面，犹如给单调的墙面抹上一层淡妆。墙面与大厅顶棚倾斜的造型遥相呼应，使整个空间变得灵动、顺畅。纵观全局，各种多功能分区井然有序，上下两层空间的使用功能在逻辑上清晰明朗，满足各种规模和性质的办公运营，能给整个办公空间带来丰富的活力。

Before

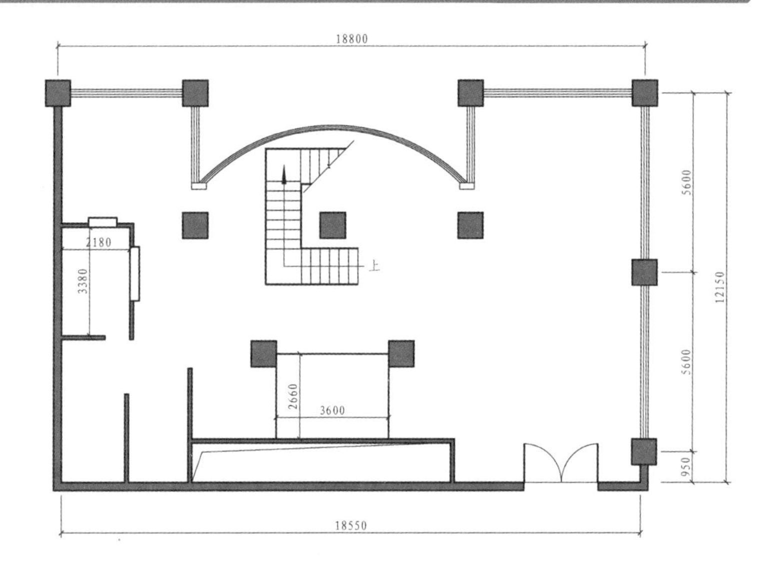

图 7-1 一层原始平面布局

→一层建筑面积约 210 m^2，实际使用面积约 170 m^2，半开放式结构。整体空间分割不十分明朗，又零散分布许多支撑柱，实属鸡肋。因此，设计时要尽可能利用、依靠支撑柱，并以此来展开设计构思。

After

室内立柱是不能拆除的，应充分、合理地利用这些立柱，比如办公区 1 利用前台柜和立柱，在视觉上将办公区 1、大厅与其他办公空间分隔开；楼梯位置充分利用空间，依靠立柱设计咨询台；休闲区 1 的立柱起到人员分流和半遮隐的作用

接待区、咨询室、咖啡厅、休闲区 1 这些空间都是在原始空间结构的基础上进行设计的，并没有拆除或者砌筑任何墙体隔断

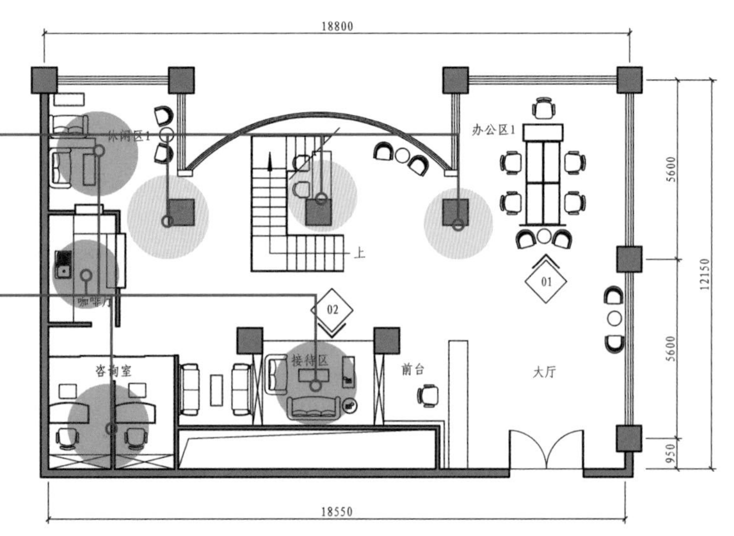

图 7-2 一层设计改造后的平面布局

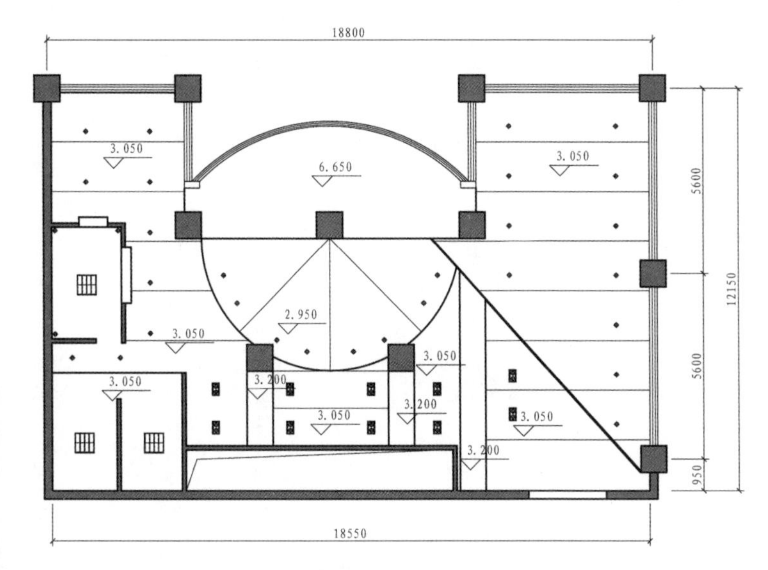

图 7-3　一层顶棚照明设计

←照明灯具：筒灯、节能灯、栅格灯，开放式空间内，照明灯具的布置方式主要为大面积铺设筒灯，而房间内主要应用节能灯和栅格灯。筒灯的照明效果较弱，整体性较好，具有较好的装饰效果。

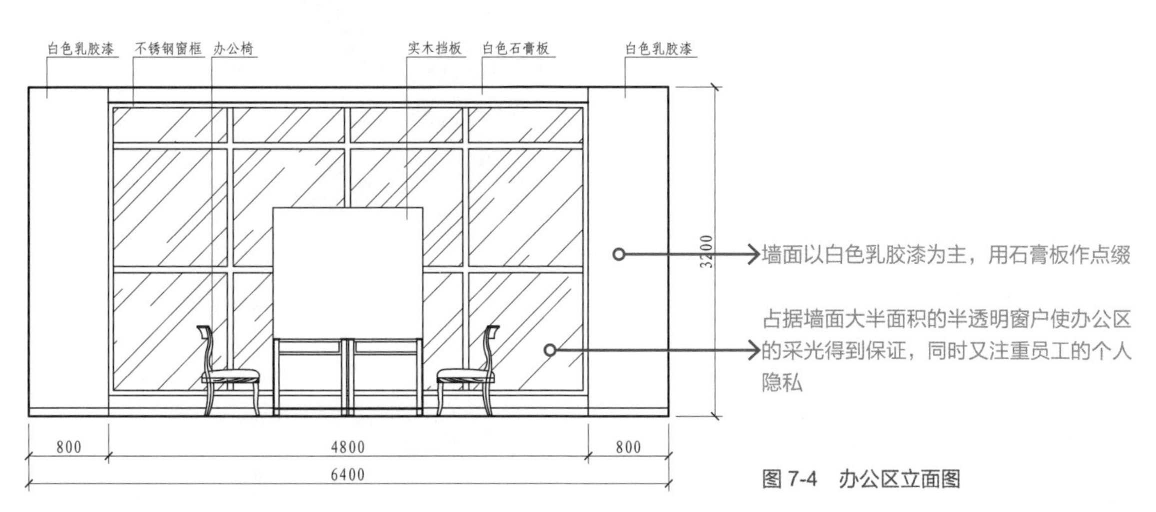

墙面以白色乳胶漆为主，用石膏板作点缀

占据墙面大半面积的半透明窗户使办公区的采光得到保证，同时又注重员工的个人隐私

图 7-4　办公区立面图

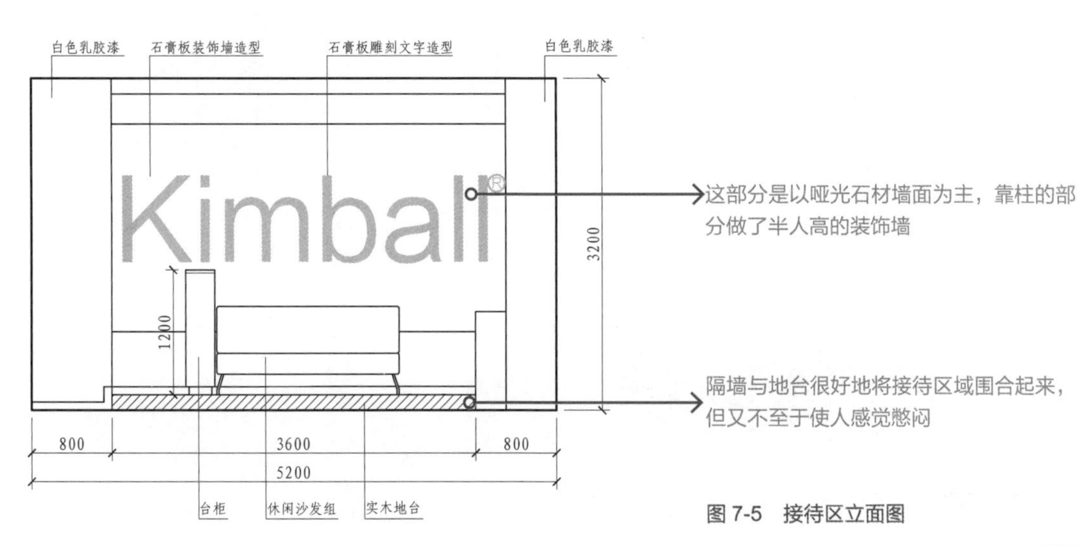

这部分是以哑光石材墙面为主，靠柱的部分做了半人高的装饰墙

隔墙与地台很好地将接待区域围合起来，但又不至于使人感觉憋闷

图 7-5　接待区立面图

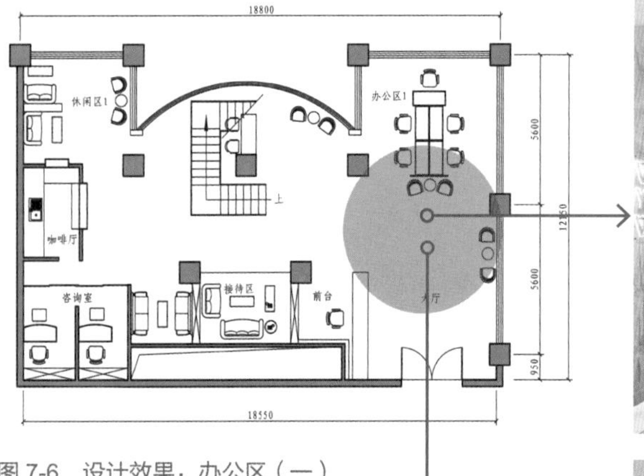

图 7-6　设计效果：办公区（一）

→室内空间净高较低，因此立面还采用了一些斜面造型，利用光影视错，使人感觉不到空间的压抑。

图 7-7　设计效果：办公区（二）

→办公区 1 迎面就是大片窗户，因此采光效果是极好的，此外，大厅几乎与办公区 1 相接，于是在办公桌上“大做文章”，加长办公桌一侧的隔板。这样电视背景墙与地柜就都具备了，有“墙”、小茶几、矮凳，俨然是一个小型的大厅接待区。

图 7-8　设计效果：前台与接待区

←前台区与接待区以层层递进的方式依次排列，布局规整，层次变化丰富。二者采用同类型壁纸，或贴于前台柜，或贴于矮柜隔墙。除此以外，不同于一般企业 Logo 以正面展示，这里以浮雕的形式再现于侧面白墙上，创意且不张扬。

图 7-9　设计效果：接待区

←接待区布局采用对称和不对称两种形式。对称形式设计主要表现为立柱、立柱上的灯、立柱前的矮凳；而不对称形式设计主要表现为柜台、沙发、茶几以及右侧的矮柜隔墙。这两种形式的结合打破常规，给空间带来另类的装饰效果。

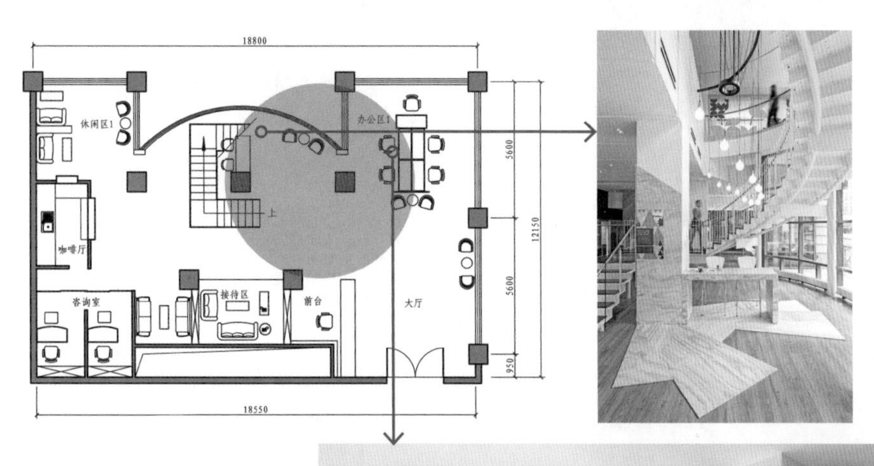

图 7-10 设计效果：楼梯周边区域（一）

←很多时候楼梯下面的不规则空间都浪费了，这里就地取材，倚靠立柱打造咨询台。运用装饰面板完全包裹柜台以及立柱局部，一直延伸至地面，形成不规则状态。当然该办公空间的板材纹路和色调力求一致，局部细节与整个办公空间既统一，又相互呼应。

图 7-11 设计效果：楼梯周边区域（二）

→办公桌与大厅相隔，又斜对着楼梯口。为隔绝楼梯区域来往行人的探究视线以及喧闹的环境，在桌面上设计有隔板。隔板较低矮的高度也不会阻碍办公人员交谈。

Before

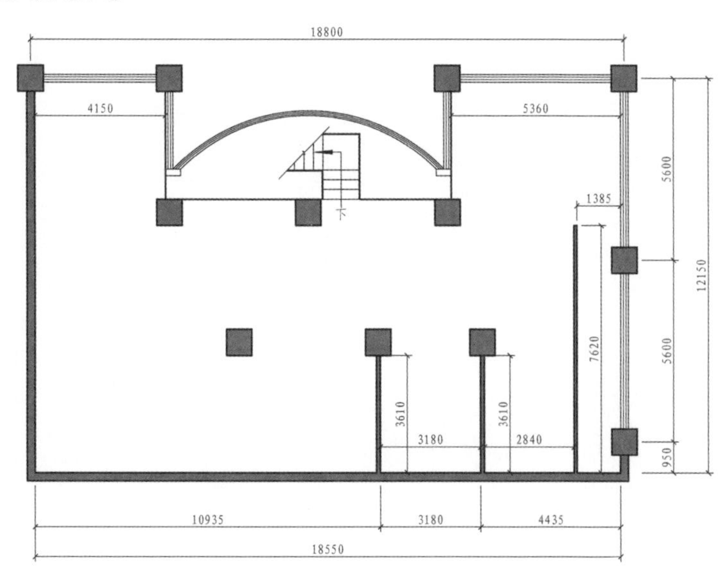

图 7-12 二层原始平面布局

←二层建筑面积约 210 m^2，实际使用面积约 168 m^2。与一层不同的是，二层的立柱相对更多、更集中，现有隔断也更少，适合做开敞空间。二层人流小、干扰小、较安静，适合将多种办公分区集中布置，以满足办公空间的功能需求。

After

分析原始平面图中隔断墙的分布情况，可以将整个空间分为休闲区 2、会议区、储物间、经理室、办公区 2、办公区 3

这里通过增设柜子隔断，结合现有的立柱，将办公区 2 与休闲区 3 分割成了两个单独的功能空间

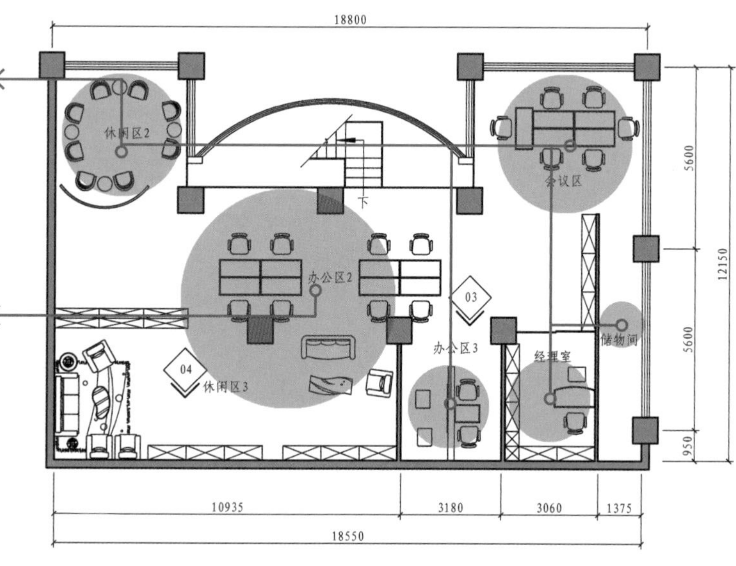

图 7-13　二层设计改造后的平面布局

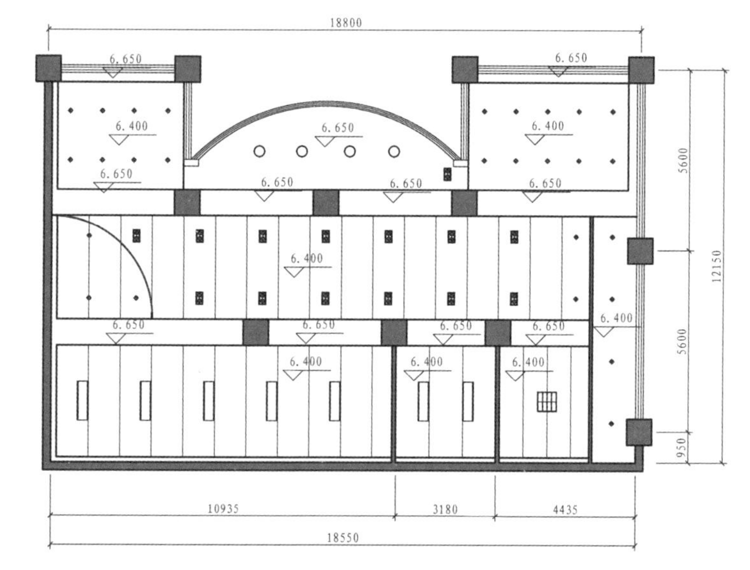

图 7-14　二层顶棚照明设计

→照明灯具：筒灯、吸顶灯、节能灯、栅格灯，自然采光固然重要，但是一般情况下，自然采光并不能完全满足办公空间照明需求。办公空间的灯光布局设计，不只作用于照明，在装饰作用上也有一定的效果。通常经理室的灯光一定要考虑其亮度，会客室亮度要适中，上下楼梯亮度要强，一些不需要经常使用的区域，可以采用间隔照明。

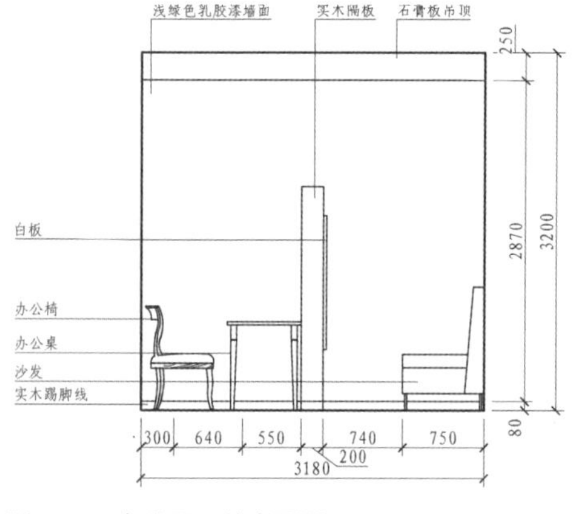

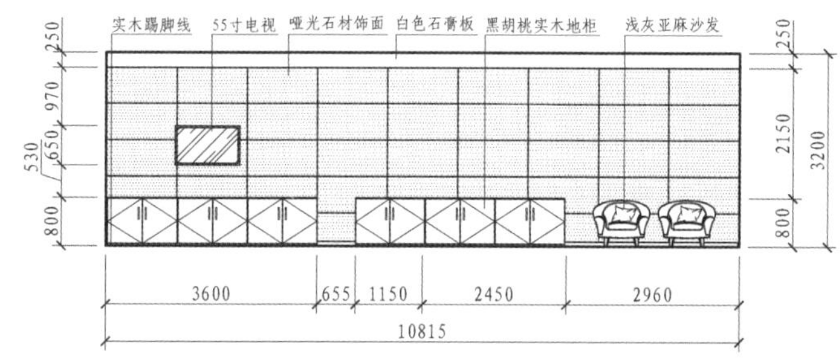

图 7-16　休闲区 3 的立面图

↑该办公空间没有设计专门资料存储室，休闲区的柜子可以用作存储办公资料或是放置吃食，总之比较实用。

图 7-15　办公区 3 的立面图

↑该设计方案将木质材料发挥到了极致，这里通过实木隔板将两个不同功能的空间组合在一起，隔板左边是普通办公区，右边则是用于思考、冥想的特殊功能区。

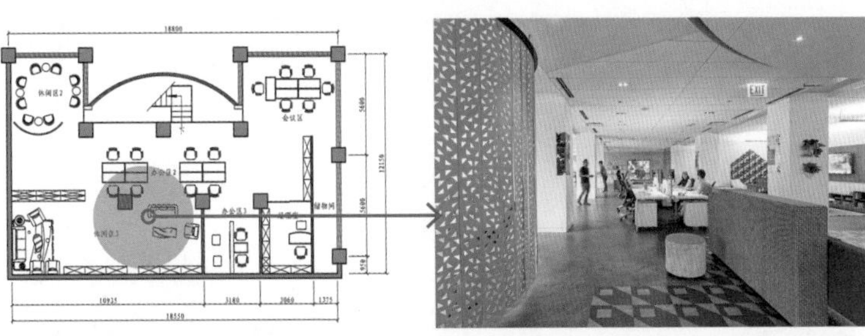

图 7-17 设计效果：办公区与休闲区（一）
←这里将休闲区与办公区连接在一起，真正做到劳逸结合，诠释了一个随意自在的办公环境。

图 7-18 设计效果：办公区与休闲区（二）
↑设计师以明朗的色调、轻快的线条配以柔软舒适的地毯，饰以精致的陈设。

图 7-19 设计效果：办公区与休闲区（三）
↑设计中色彩的运用至关重要，不同的色彩传达出不同的情绪，让人产生各种各样的心理感受。这里也是如此，墙面彩色图形与地面图形相映生辉，形成舒适的视觉对比，给人柔和舒适的感受。

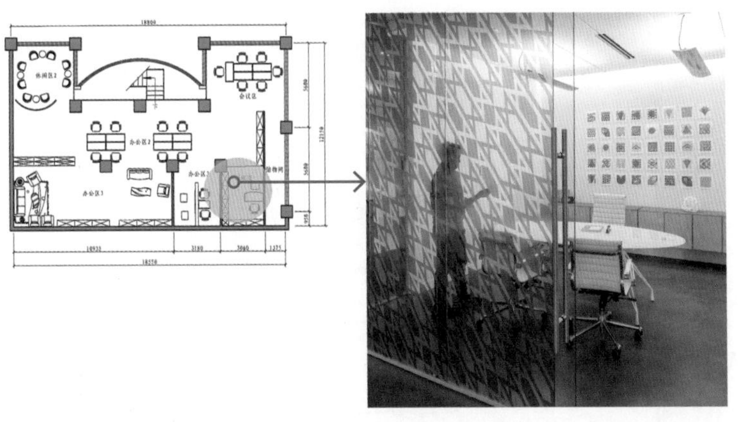

图 7-20 设计效果：经理室
↑经理办公室设计简洁凝练，对细节的追求贯穿设计始终。唯美的夹丝玻璃隔断，虚实掩映。半透明的玻璃隔断、开放式的办公家具，将管理层与员工、部门与部门之间的距离拉近，鼓励彼此在舒适自然的氛围中研究讨论、收获信息、激发灵感。

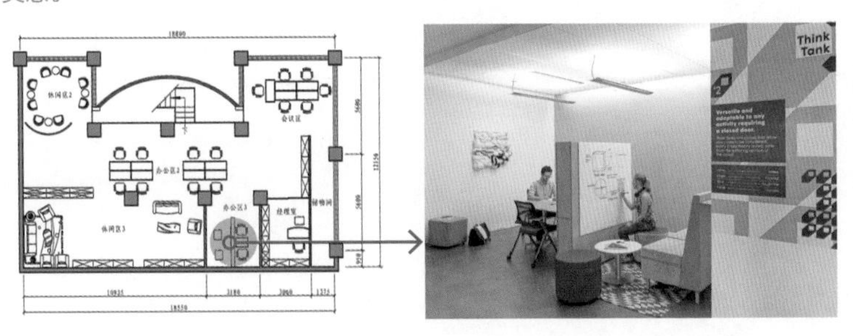

图 7-21 设计效果：办公区 3
←这类办公区也可以称作冥想区或者思考区。一方面，实木隔板墙充当书写的载体画架，也算是物尽其用了；另一方面，作为隔断也是非常称职的，隔板墙两端的办公人员可以各自完成自己的工作，做到干扰最小的效果。

7.2 营销型移动联合办公空间

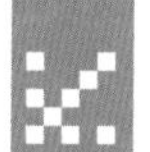

主要用材：铝塑板、地毯、壁纸、玻璃。

这是一家从事销售业务的移动式联合企业，设计师呈现出一个具有艺术感的办公空间，将公司打造成一个具有先进办公设施的移动办公空间，为客户提供网络接入、会员资格、虚拟办公室、会议室以及各处灵活的办公场所。

原有建筑格局比较方正，左侧为多个独立办公间，有多种功能分区，可以根据需要设计小会议室、财务室、卫生间等。右侧为开放式办公区，主要布置接待区与办公区，供客户上门咨询业务。空间整体属于比较标准的营销型办公空间。

整体色彩设计十分醒目，运用深蓝色与白色相互穿插，设计图案附加装饰，让办公空间显得沉稳精致，适当搭配中黄色、棕色、灰色等中性色继续提升沉稳感，运用金属边框与不锈钢家具来提亮设计重点（图 7-22 ~图 7-35）。

Before

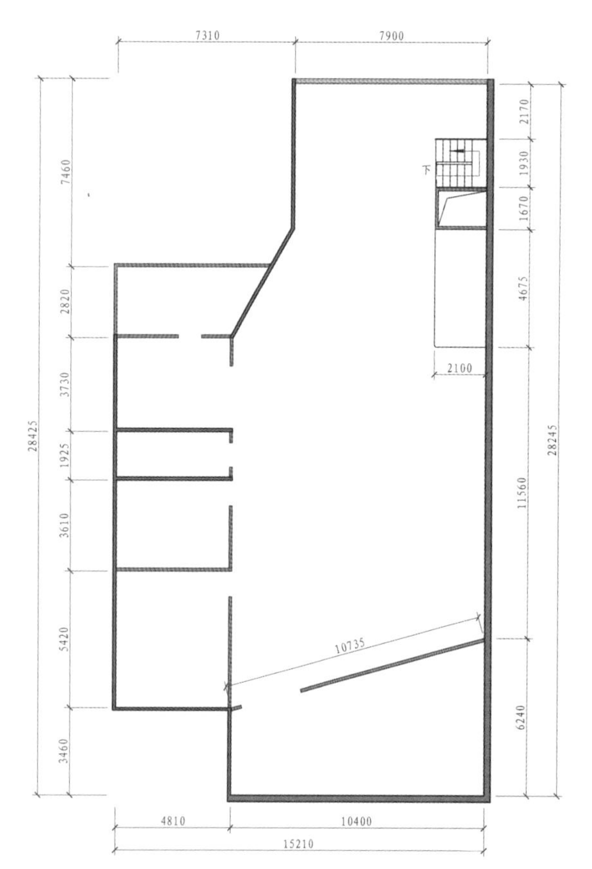

图 7-22　原始平面布局

↑建筑面积约 733m^2，使用面积约 580m^2。要在该建筑内建造一个涵盖多部门、多功能且年轻时尚的共享办公环境。

After

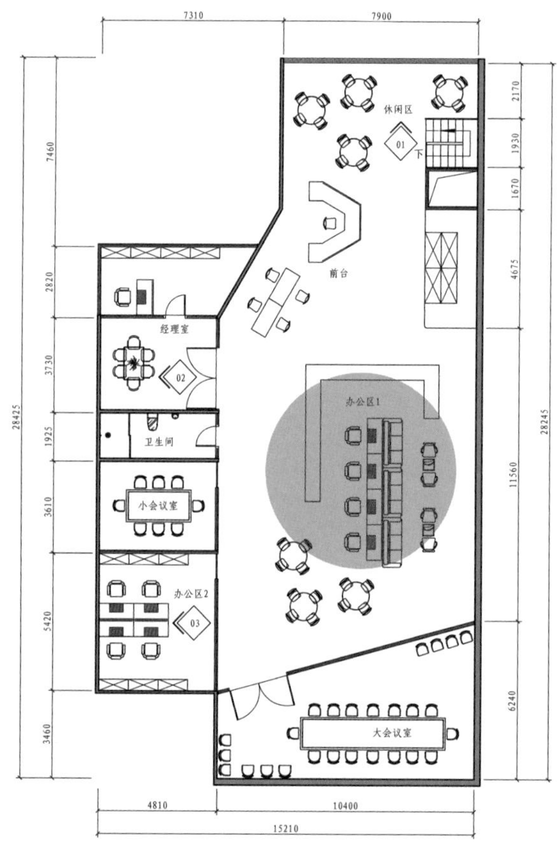

图 7-23　设计改造后的平面布局

↑平面布局以办公区 1 为中心，设置了游走全公司距离最短的回形通道，简单的动线使空间利用率最大化，更有利于各部门的协同工作。

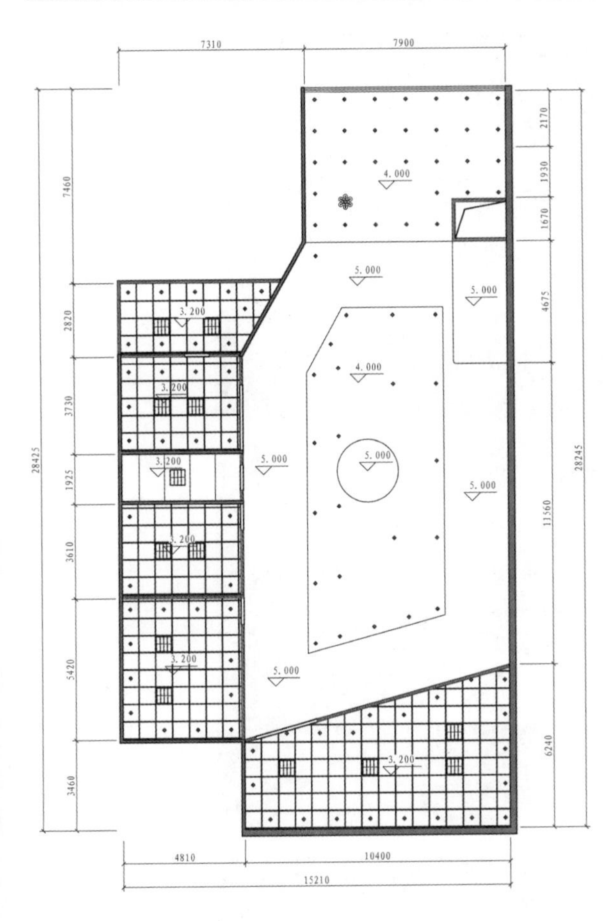

图 7-24 顶棚照明设计

↑照明灯具：筒灯、吊灯、栅格灯。办公空间中一般照明的照度最小值与平均照度值的比值不应小于 0.7。此外，对于兼有一般照明与局部照明的工作区域，其照度也不应小于 200lx。

落地窗 玻璃茶几 休闲沙发

830 1270 900 1000 4000

1975 1975 1975 1975

7900

图 7-25 休闲区

↑休闲区的设计重点在于和谐相融的空间感。落地窗让空间更加宽敞明亮，营造出更加轻松、舒适的氛围。

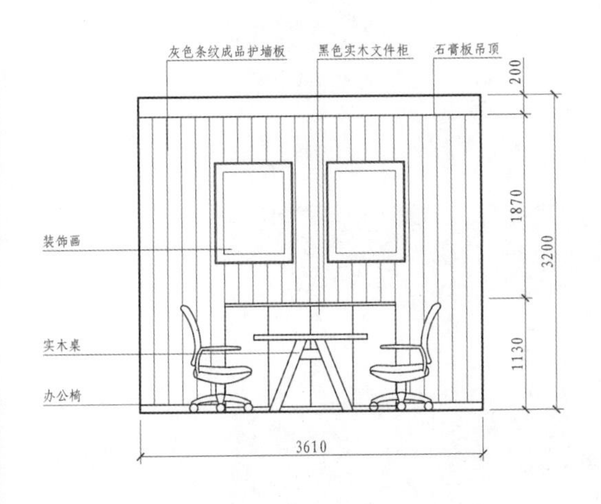

图 7-26 经理室立面图

↑有别于办公区，经理室呈现出典雅精致的东方美感，此处的家具均为度身定制，营造出优雅的氛围。

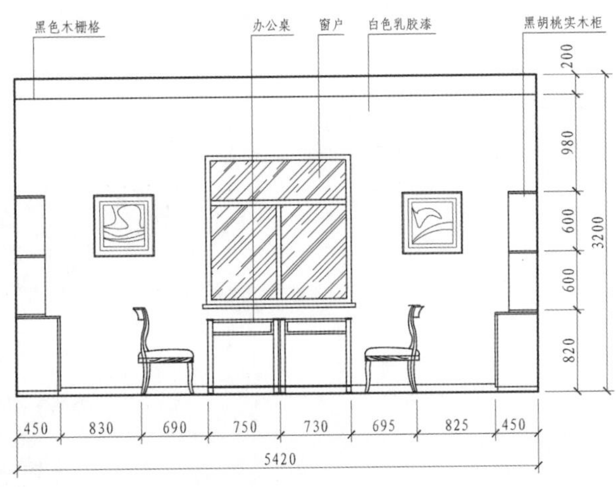

图 7-27 办公区 2 立面图

↑办公区墙面的整体书架提供了足够的收纳空间，简洁的线状灯管巧妙地把整个空间连接成一体。

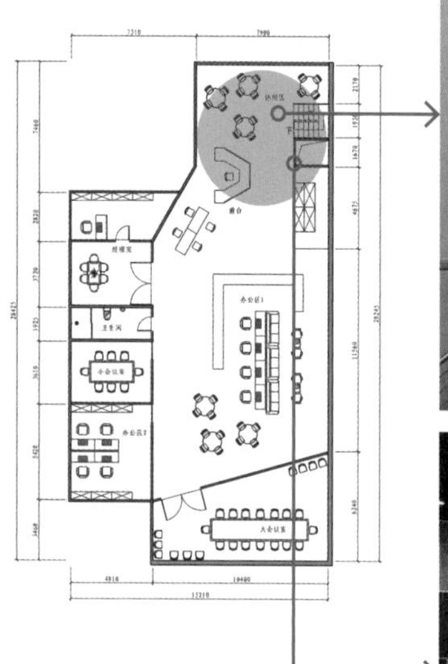

图 7-28 设计效果：休闲区（一）

←开放式的休闲区面积十分宽广，温馨舒适的色调创造出全新的办公体验，设有多个休闲服务区，体现所有的公共设备全部共享使用的理念。

图 7-29 设计效果：休闲区（二）

←走进休闲区，映入眼帘的是一个宽敞通透的空间。捧上一本书，坐在舒适的沙发上，阅读在这一刻成了最美好的享受，倒上一杯咖啡，享受悠闲的午休时光。

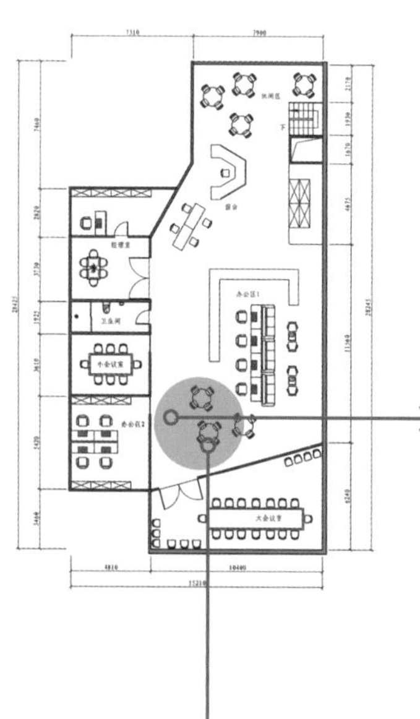

图 7-30 设计效果：休闲区与过道（一）

←空间以冰冷的商务蓝为基调，蓝色与灰色的划分丰富了空间的层次感，黄色与白色的点缀则增加了空间的生机和活力。

图 7-31 设计效果：休闲区与过道（二）

←踏入大厅，玻璃墙面、地面、休息区的弧线纷纷引导着空间的访客，各功能区弧形墙的串联也是由此处开始。

图 7-32　设计效果：办公区 1
←设计中更多地应用了开放式借景，尽可能地将别处的景色延展进来。整体空间氛围仍然延续稳重、简约、舒适的风格。柔和的色调搭配皮革与石材的明暗对比，传递着精致且人性化的办公格调。

图 7-33　设计效果：大会议室
←自然采光条件良好，办公区视野开阔。墙面用古老的面具石像装饰，蓝色与白色、灰色的碰撞，营造出一个稳重、舒适的氛围。

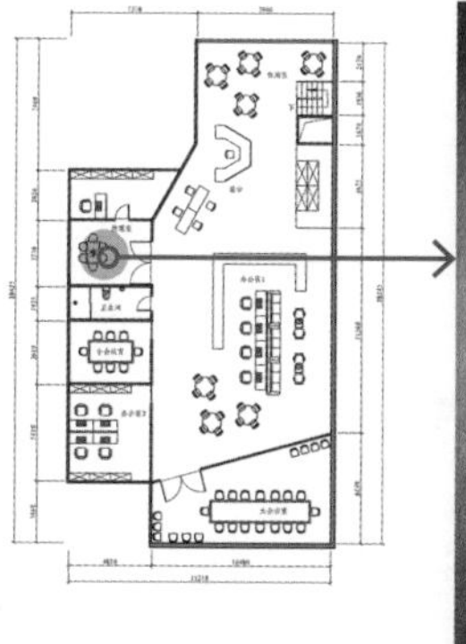

图 7-34　设计效果：经理室
←选用造型别致的灯具，采用自然、环保的家居材料装点空间，营造一种稳重、简约、舒适的氛围。

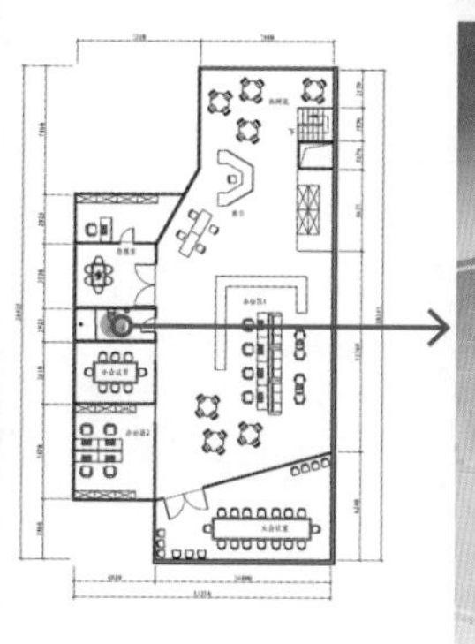

图 7-35　设计效果：卫生间
←卫生间的使用频率较高，设计在会议室、经理室以及办公区之间。其装修风格比较特别，给人干净、明亮的视觉效果。

7.3 保险销售企业办公空间

主要用材：地毯、乳胶漆、木饰面板、复合木地板。

本设计将 700 多平方米的空间分隔成五大功能区，包括大厅（接待、前台）、咖啡厅、休闲区、会议区、办公区。办公空间以白色为主色调，采用现代风格设计，主要表现科技感、时尚感（图 7-36 ~图 7-49）。

流线型的有机形态、简洁素雅的色调、气质型的桌椅，大厅的设计奠定了整个办公空间的设计基调。设计整体给人以简约灵动、时尚大气的感觉。圆弧曲线的接待台以柚木色作为主色，灯光色为辅色，简单大方。接待台一侧是半封闭式访客接待区，多组特别配置的对坐布艺沙发，在保证访客隐私的同时，给人轻松惬意之感。

Before

图 7-36　原始平面布局

↑建筑面积约 721 m^2，使用面积约 570 m^2。建筑空间内的区域间隔清晰明确，各大房间连接紧密。

After

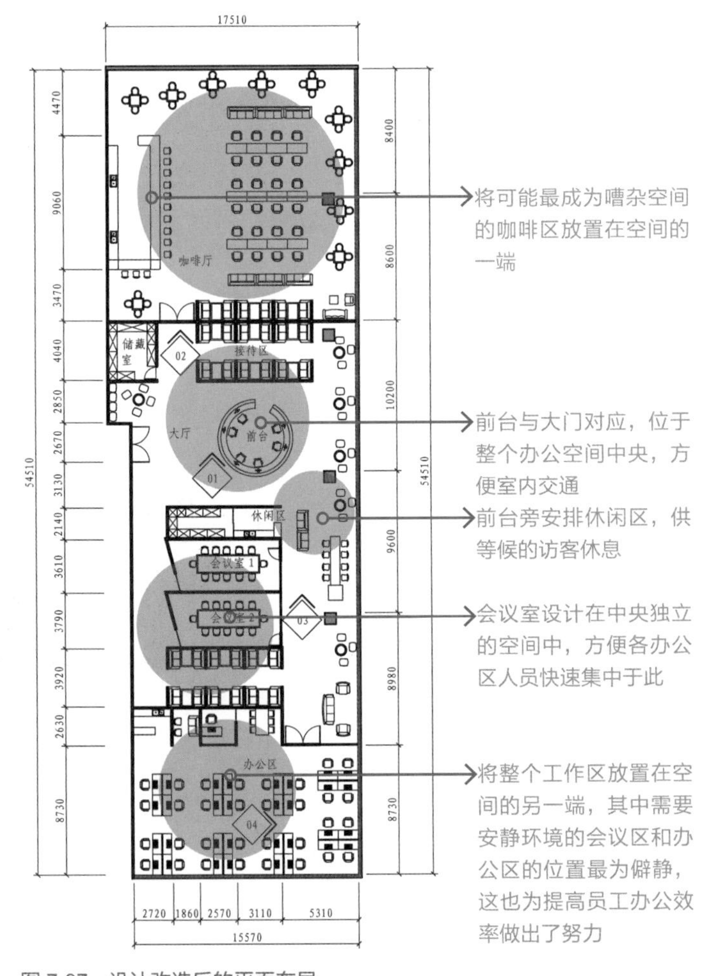

图 7-37　设计改造后的平面布局

↑在现有的空间结构基础之上，设有大厅（前台）、咖啡厅、休闲区、会议区、办公区，共五大功能区。这些功能区的位置规划得十分巧妙。

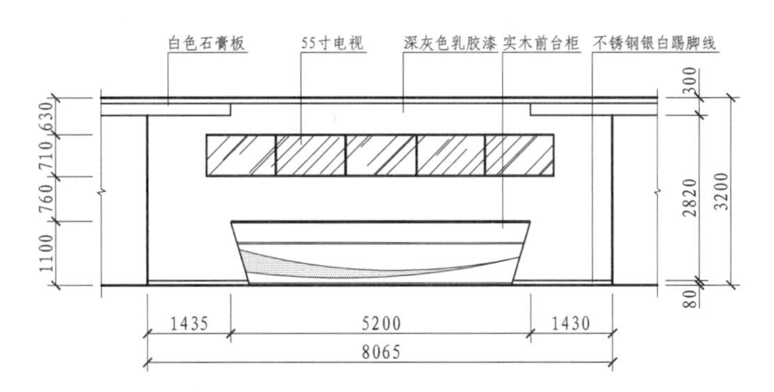

图 7-39 前台立面图

↑灰色调搭配实木，简约又不失时尚感。另外，可以通过电视播放公司宣传片，向来往访客展示公司形象，宣传公司业务。

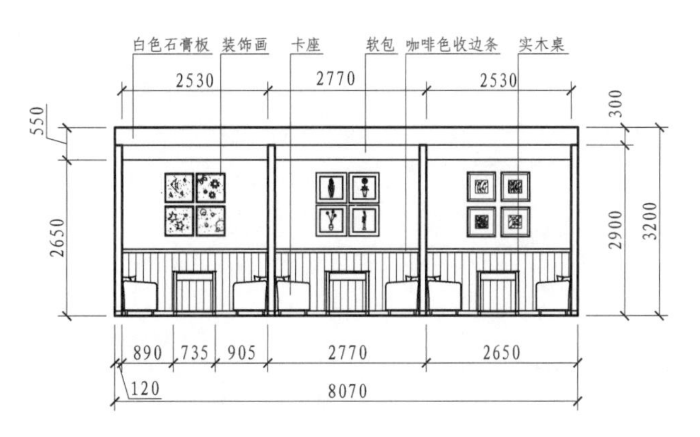

图 7-40 接待区立面图

↑隔断确保了谈话的私密性，贴心的软包设计则让漫长的谈话过程变得更加舒适，可谓是十分的贴心了。

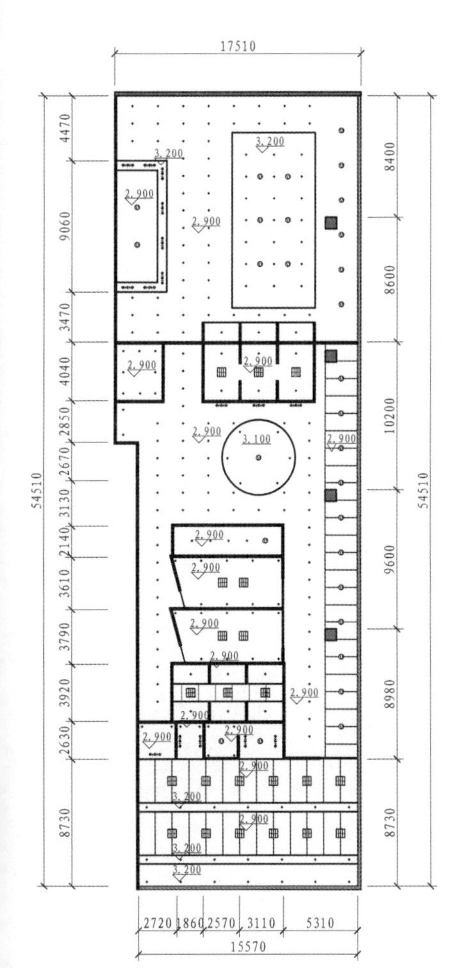

图 7-38 顶棚照明设计

↑照明灯具：筒灯、组合吊灯、栅格灯、节能吸顶灯。该办公空间咖啡厅与大厅的一侧为全景落地窗，并且办公区的两面墙体也为全景落地窗，因此，室内采光是极好的。另外，为加强办公照明，室内主要以高亮度的栅格灯为主，辅以弱亮度的筒灯组合补光。

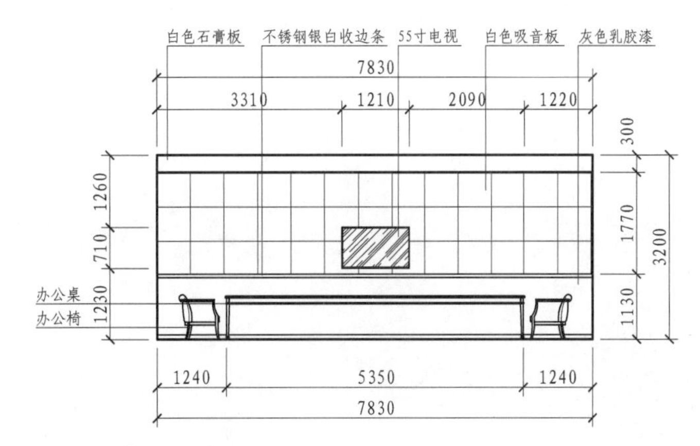

图 7-41 会议室立面图（一）

↑简洁的会场设计有效地扩大了会议室的容纳空间，规整的线条也让空间更具威严感和稳重感。矩形大会议桌能够容纳大量的参会人员，也算是物尽其用了。

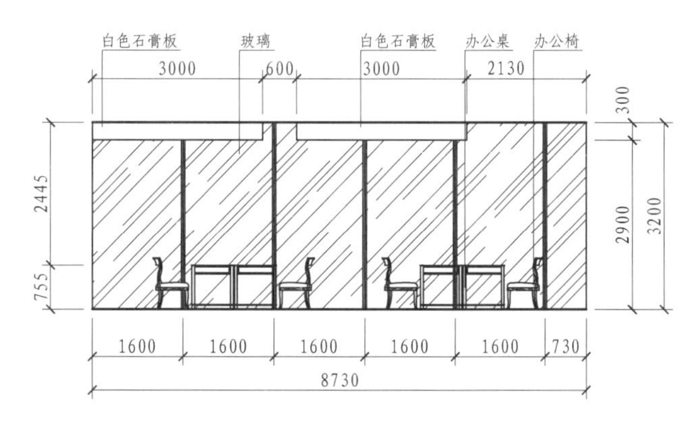

图 7-42　会议室立面图（二）

→宽广的落地式玻璃窗设计，很适合休闲娱乐或是洽谈业务。这里也可以说是另一处接待区。访客也可以选择在此谈业务，相对大厅接待区，这里要随意很多。同时多组桌椅组合能够容纳大量的访客，不会出现座位不够用的情况。

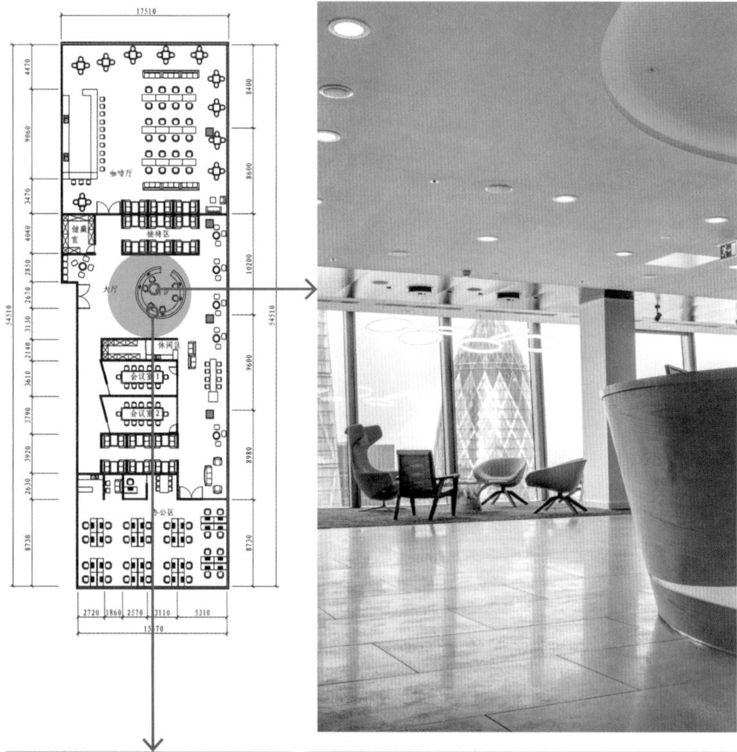

图 7-43　设计效果：大厅（一）

←曲线充满动感和趣味，使人如同置身在一个动态的异形空间里。热情的亮色，典雅而高品质的家具，让前台大厅显现出一种科技感、能量感。

图 7-44　设计效果：大厅（二）

←大厅里有一些充满创意的现代元素，一方面表现出办公空间中科技与创新结合的现代时尚感，同时让空间灵动起来，彰显简约、时尚、轻奢的气派。

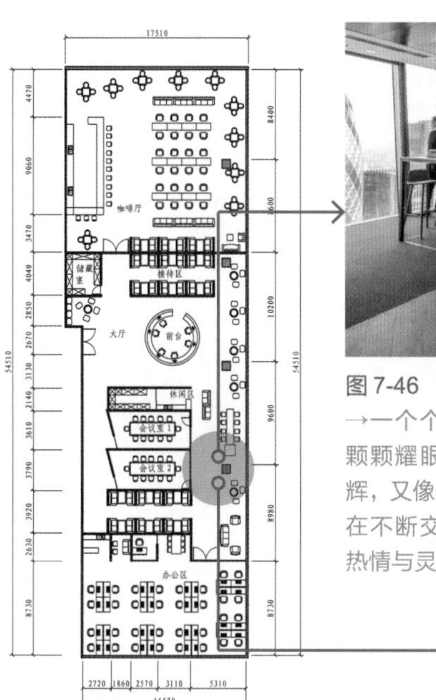

图 7-45 设计效果：休闲区（一）
←与黑色地毯相对的是顶棚上圆形的筒灯设计，应了“天圆地方”的意思，彰显出一种颠覆与革新的精神。或大红或鲜黄或淡蓝的坐具为整个空间注入了一抹亮色，增添了几分艳丽与雅趣，让刚与柔、力与美在此处尽情释放。整个空间既利于访客们的沟通交流，员工们休息畅聊，又给人明朗开阔的视觉感受。

图 7-46 设计效果：休闲区（二）
→一个个晕黄的圆形吊灯，如一颗颗耀眼明珠，散发出明亮的光辉，又像一个个饱含思想的原子，在不断交互碰撞，激发员工们的热情与灵感。

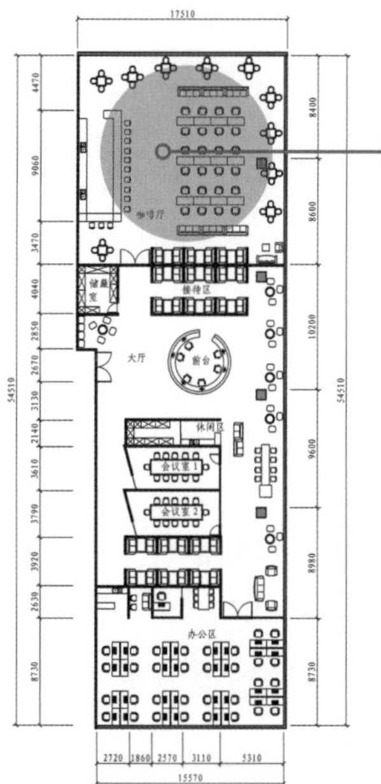

图 7-47 设计效果：咖啡区（一）
↑只是咖啡厅就占据了整个办公空间的 1/3，可见公司比较注重高质量的办公效率与办公生活。设计师在对空间立面效果的把握上，从始至终坚持统一而富有变化，针对细节部分加以琢磨，将简单的设计元素（线与面的结合、方块与色彩的变化）变成富有生机的装饰亮点。

图 7-48 设计效果：咖啡区（二）
↑缓缓推开大门时，宽敞、明亮的咖啡区映入眼帘。室内大面积的落地玻璃窗使户外与室内环境相映成趣。在软装搭配上做到了整体协调、色彩统一。

图 7-49 设计效果：咖啡区（三）
↑将入口设计成一个窄长的通道，增添空间的神秘感和进入空间的仪式感。运用橘红的背景营造空间氛围，提高进餐者的食欲。

7.4 时尚工业风办公空间

主要用材：混凝土、艺术墙纸、铁艺。

工作和生活其实不用完全区分开的，试想，如果有一个让大家在工作时也可以享受惬意时光的办公空间，那么工作或许也是理想生活的一部分了，进而工作也成为一件愉悦的事情。

本设计实例运用混凝土、艺术墙纸、铁艺等，营造了一种温馨、惬意的办公氛围，宜居住宜办公（图 7-50 ~图 7-65）。虽然裸露的管线使工业风的冷酷感十足，但设计师辅以木作元素和布艺元素提升暖度，并且在细节处采用暖色调家具中合空间中的冷色调。

Before

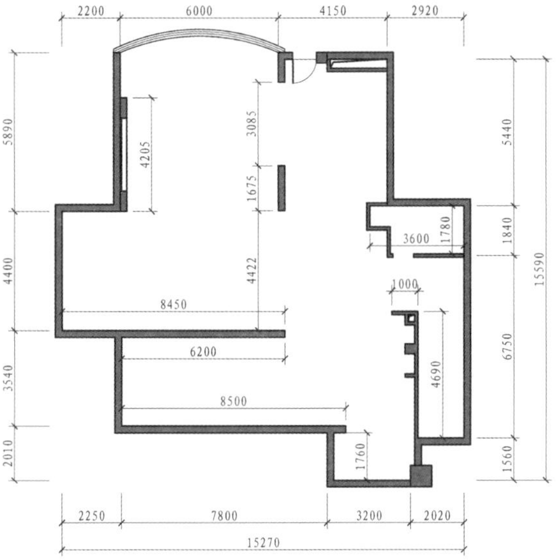

图 7-50　原始平面布局

→建筑面积约 208 m²，使用面积约 165 m²。建筑内部隔断较少，空间较为开阔

After

设计师在空间主体结构上没有做大的改动，就连分隔空间也只是利用了一些家具

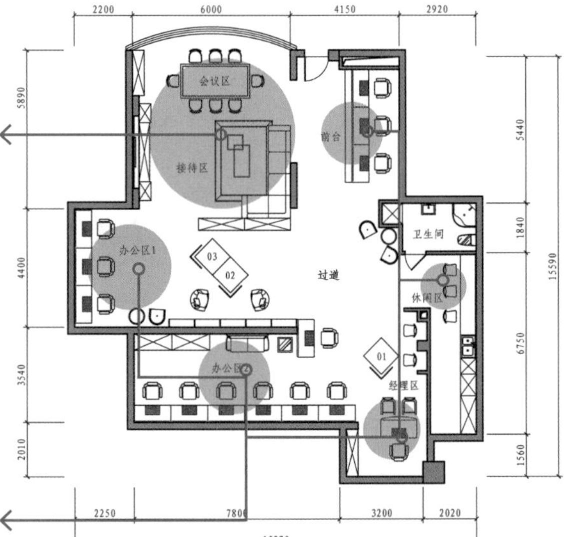

这里设计有前台、接待区、会议区、办公区、经理区和休闲区

图 7-51　设计改造后的平面布局

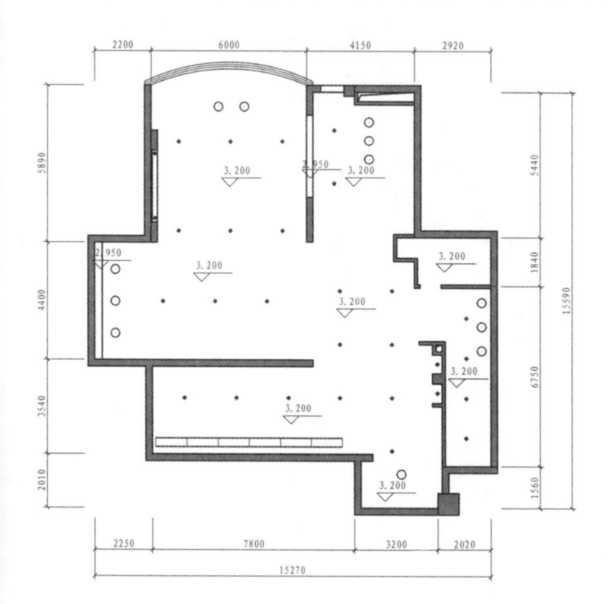

图 7-52　顶棚照明设计

←照明灯具：筒灯、吊灯。注意灯具的合理分配，以便能使照度更均匀化，一般照度为 500 ~ 1000lx 即可。空间内最大、最小照度与平均照度之差应小于平均照度的 1/3。

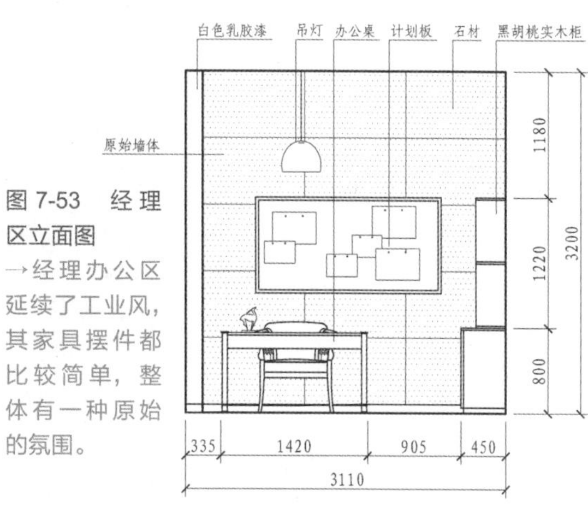

图 7-53　经理区立面图

→经理办公区延续了工业风，其家具摆件都比较简单，整体有一种原始的氛围。

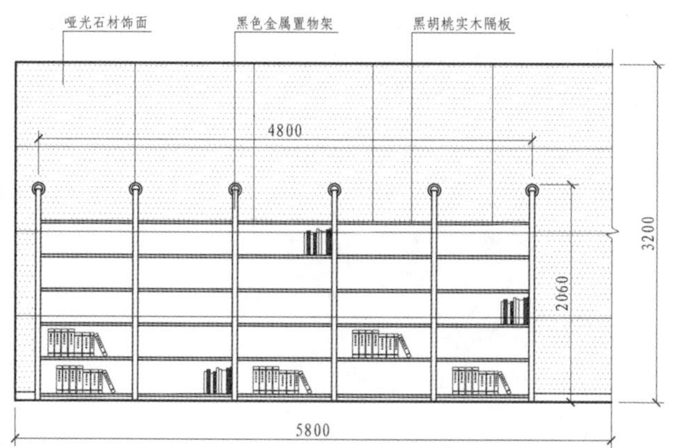

图 7-54　书架立面图

↑过道内设置书架，方便人们随意阅读。也可以放置一些企业宣传册，便于来访者了解公司业务。

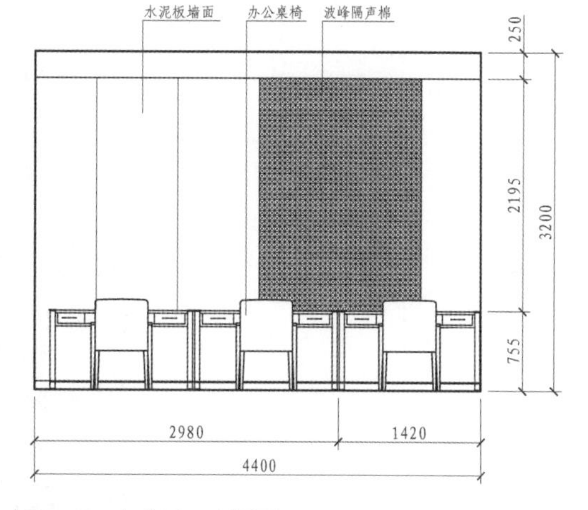

图 7-55　办公区 1 立面图

↑连续的办公桌设计，简洁且实用。其占用空间也不会太多，可节约场地。

图 7-56　设计效果：前台（一）

↓回廊式的空间结构层层相扣。门洞口里面是风景，洞口外面却是另一番景象，格外有趣。

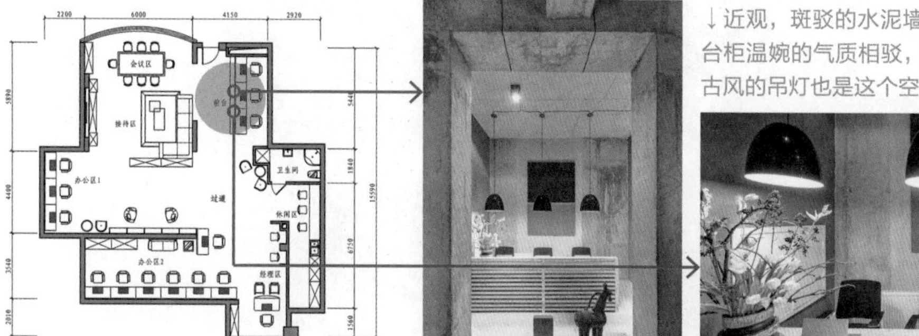

图 7-57　设计效果：前台（二）

↓近观，斑驳的水泥墙粗犷的气质与细腻的木质前台柜温婉的气质相驳，却也格外和谐。极具工业复古风的吊灯也是这个空间的一大亮点。

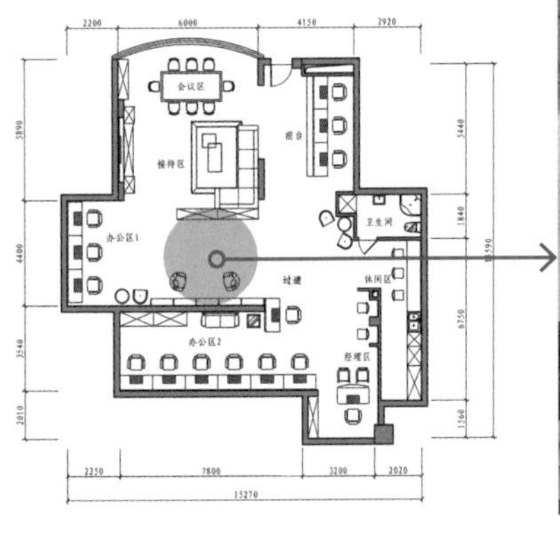

图 7-58 设计效果：过道

←过道与接待区相连，浅色的顶棚和地面搭配，稳重却不显压抑。开放性的区域划分保证了每个空间的独立性、通透性以及动线的流畅。带有复古色彩的家具装饰别具一番风味。黑色铁艺结构搭配原木色的隔板，大容量的置物架给过道带来庄严又不失温暖的办公气氛。

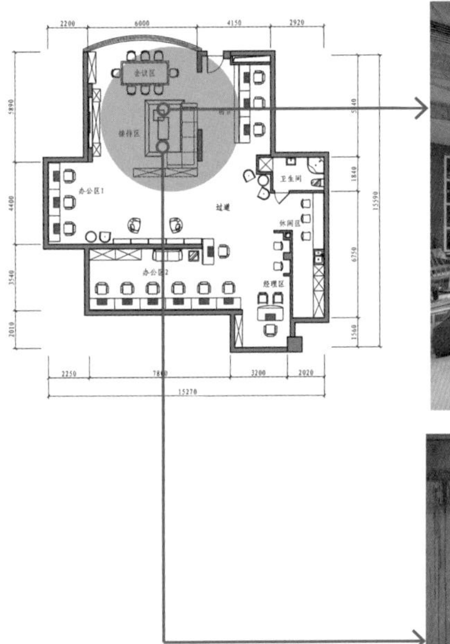

图 7-59 设计效果：接待区与会议区（一）

←L 形沙发具有隔断的作用，将过道和接待区区分开，形成相对独立的空间。复古的艺术装饰摆件，时尚的小矮凳、矮几，所有元素巧妙搭配，都在塑造一个艺术气息十足的空间。

图 7-60 设计效果：接待区与会议区（二）

←彩色艺术挂画，造型简约的暖色调椅子，这些如一抹温暖的阳光照亮整个空间，在暗色家具的衬托下，异常夺目，且视觉效果和谐统一。

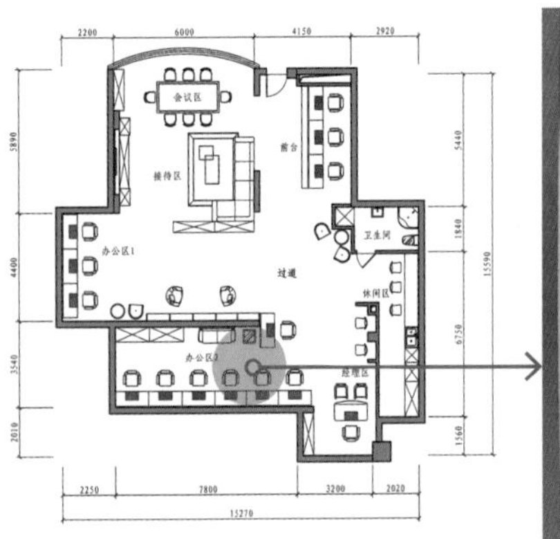

图 7-61 设计效果：办公区 2

←办公区的沙发、灯具、艺术陈列品等的选择，除了符合工业风设计需求外，还满足了使用者对于现代时尚的追求。在过道的两旁，设计有两种不同的办公区域。

图 7-62　设计效果：办公区 1（一）

→过道一边靠墙设置了一整排木色长桌，简约自然的办公桌配上舒适的办公椅，既满足了办公需求，也体现了更为开放轻松的办公氛围。

图 7-63　设计效果：办公区 1（二）

←做旧的深蓝色的双人沙发与墙面渐变色装饰画和谐统一，给人一种质朴的艺术气息，也丰富了单调的办公空间。

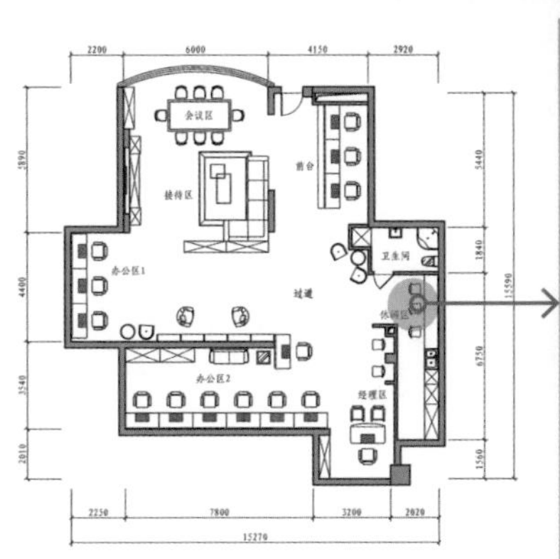

图 7-64　设计效果：休闲区

←休闲区旨在人性化设计，提供了自行车停放空间，靠墙一侧设置冲饮台，并在台面下配置了调节椅，方便小憩和冲饮操作。

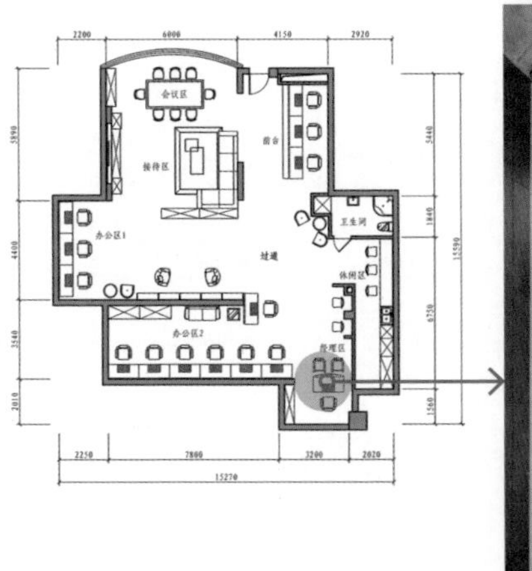

图 7-65　设计效果：经理区

←柔和的灯光给整个空间带来庄严且有格调的办公氛围。墙面绿化成就了一个舒适但又环保的环境。

7.5 驻点办事处办公空间

主要用材：木饰面板、混凝土、定制金属构件、深色木地板、乳胶漆

本设计实例构建了一个能让员工充分使用的人性化空间，在展示企业文化的同时，也于空间中创造一种能够令人信任的专业氛围，让每一个访客拥有体验和共鸣。透过金属隔断看到的是一个冷静、干练的世界。办公空间采用黑白中性色调，又以冷色调照明装饰为主，营造简约、高效的氛围，强化了空间的使用体验（图 7-66 ~图 7-77）。

Before

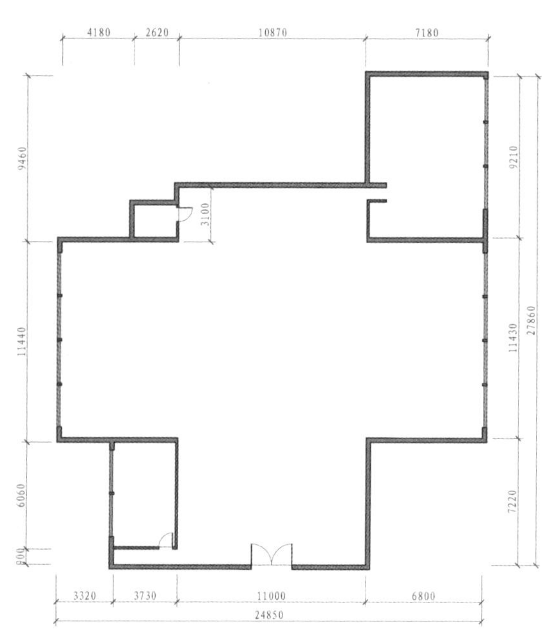

图 7-66　原始平面布局

→建筑面积约 496 m²，使用面积约 397 m²。空间内只有 3 个房间，其余都为开放式空间。这样一来，设计方案就可以有很多种可能了。

After

办公空间最内侧设计成休闲区，为图书阅览、文娱活动提供空间

保留原始建筑格局，将使用面积需求量最大的办公区设置在开放区域内

前台接待区设成对称空间，具有庄重感，提升整体空间档次

其他有私密性需求的空间被设计在房间内，如会议室

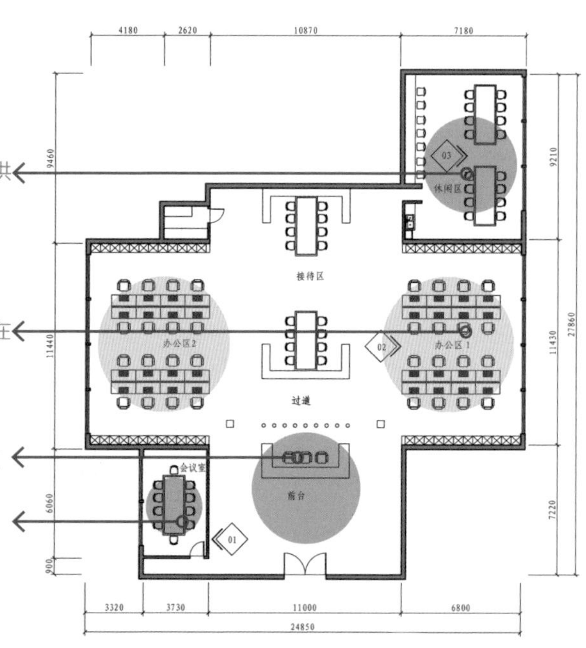

图 7-67　设计改造后的平面布局

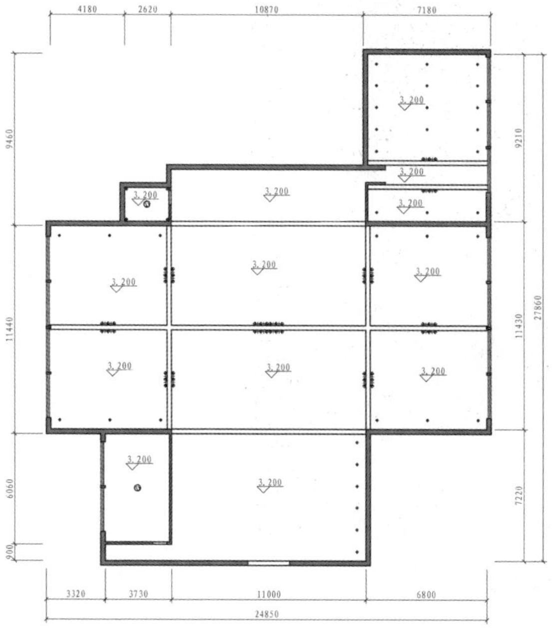

图 7-68 顶棚照明设计

←照明灯具为筒灯与吊灯。合适的亮度比可有效减少眩光的产生，在办公空间中可选择增加周边环境的亮度来调节空间亮度比，从而得到更合适的光线。

图 7-69 会议室立面图

↓会议室是一个可以容纳十多人使用的多媒体会议室。依然是紧靠窗的设计，简洁而庄重。

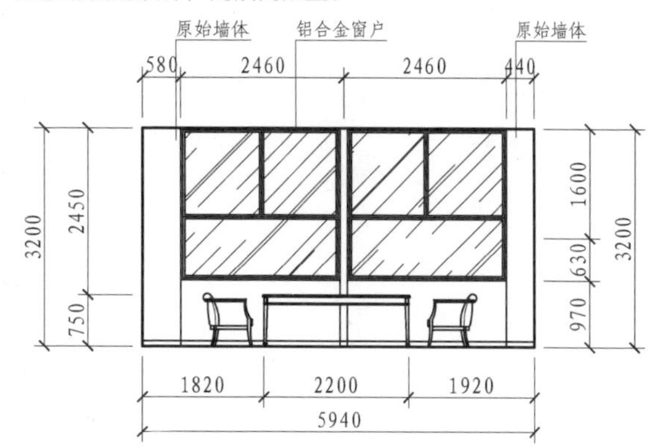

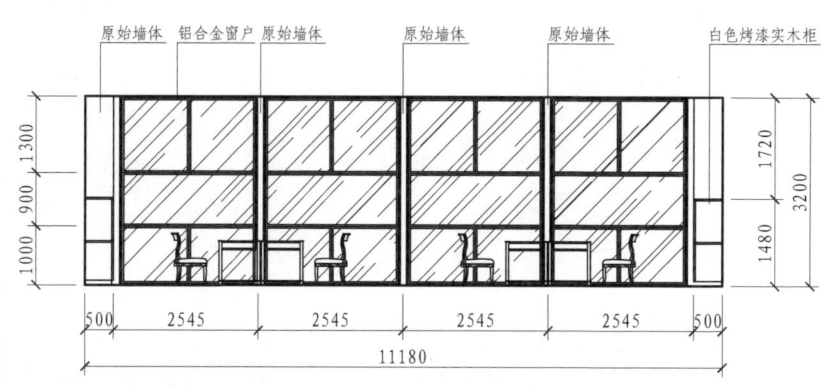

图 7-70 办公区立面图

↑开放式办公区的一侧是落地式玻璃窗，采光得以保证，也使空间更加通透。办公桌上设有矮隔断，增加了办公室的私密性。

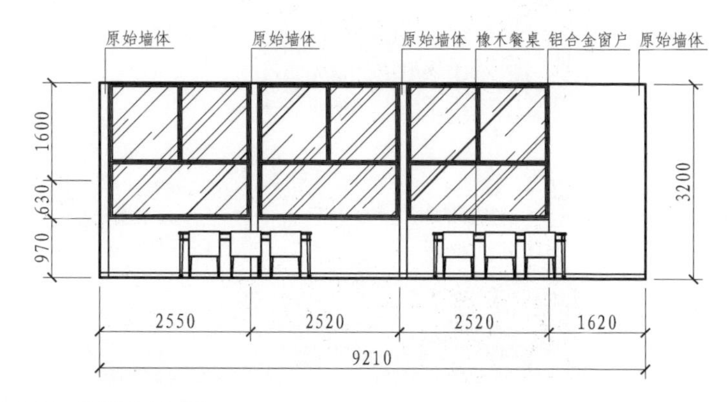

图 7-71 休闲区立面图

↑餐桌造型简单又大方，橡木餐桌与休闲区整体风格一致，工作之余闻着木香，品一杯香茶，可以缓解忙碌的工作所带来的疲惫感。

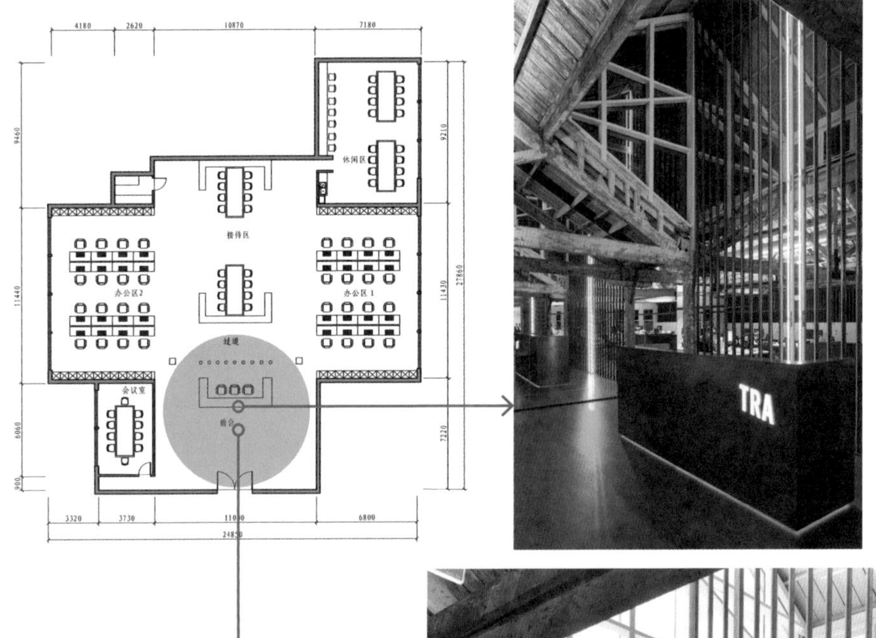

图 7-72　设计效果：前台（一）

←在开阔的空间中，每条直线都具备多重功能。如前台隔断，其主要功能为分隔空间，但同时还承担了装饰功能以及照明功能；甚至公司的 Logo 设计也融入了灯光元素，加强与空间的互动。办公空间处处蕴含多样性功能设计，完美地解决了访客需求和现实之间的矛盾。

图 7-73　设计效果：前台（二）

→该项目的主要材料为木饰面板、混凝土及定制金属构件。材料经过形状和使用比例的微调，增强了使用者与空间的联系，赋予空间亲和感

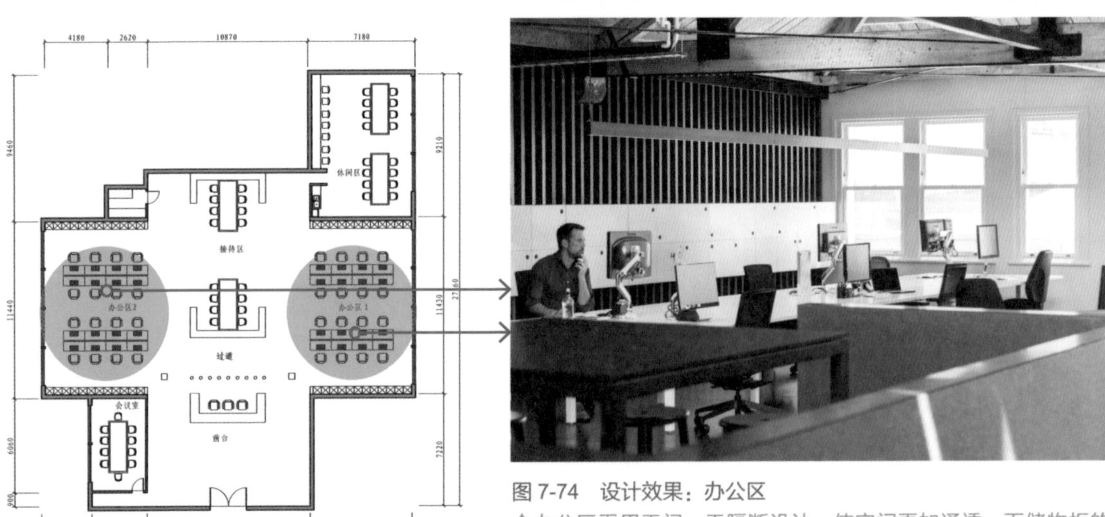

图 7-74　设计效果：办公区

↑办公区采用无门、无隔断设计，使空间更加通透。而储物柜的百叶造型又增加了办公空间的趣味性。

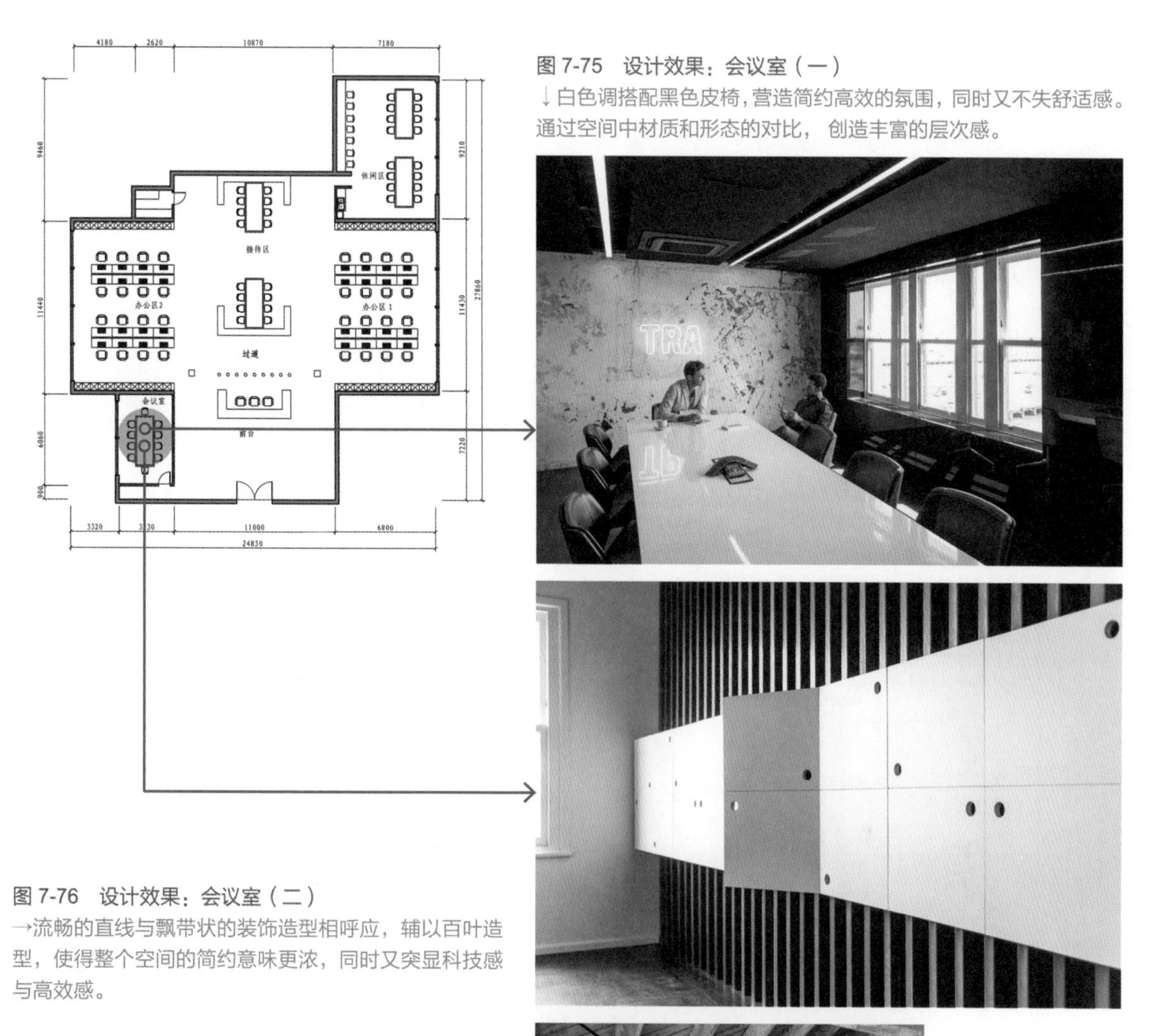

图 7-75　设计效果：会议室（一）

↓白色调搭配黑色皮椅，营造简约高效的氛围，同时又不失舒适感。通过空间中材质和形态的对比，创造丰富的层次感。

图 7-76　设计效果：会议室（二）

→流畅的直线与飘带状的装饰造型相呼应，辅以百叶造型，使得整个空间的简约意味更浓，同时又突显科技感与高效感。

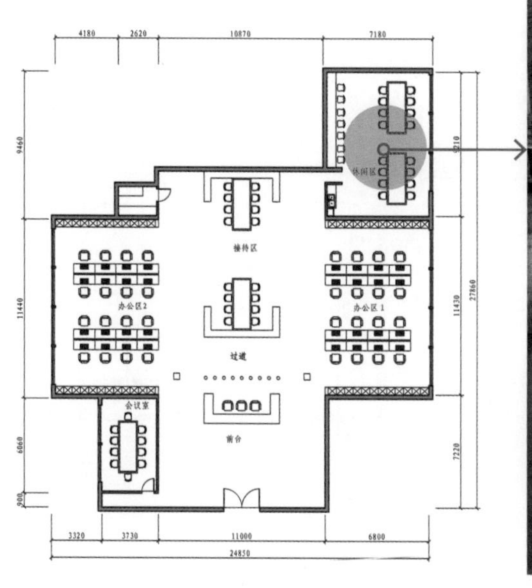

图 7-77　设计效果：休闲区

←颜色大胆的桌椅打破了原有空间的单调，使原来比较压抑的空间变得不那么呆板，体现了空间的现代时尚感。

7.6 追求私密性的企业总部办公空间

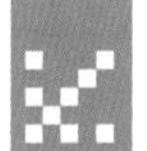

主要用材：石材、乳胶漆、玻璃、地毯、地板。

整个方案设计不仅能使访客领略到令人印象深刻的充满活力的自然气息，更能令使用者体验到人性化的健康环境。于严谨的秩序感中巧妙注入舒适自然的优雅气韵，赋予办公移动化、智能化与生活化的无限可能。

除此之外，本设计实例打破传统的办公规划流线，功能布局灵活，高效实用并且兼具舒适性（图 7-78 ～图 7-94）。预留 180° 景观面于接待区、办公区、会议区等多个分区中，全方位的宽阔无柱式空间，拥有绝佳的自然采光。

Before

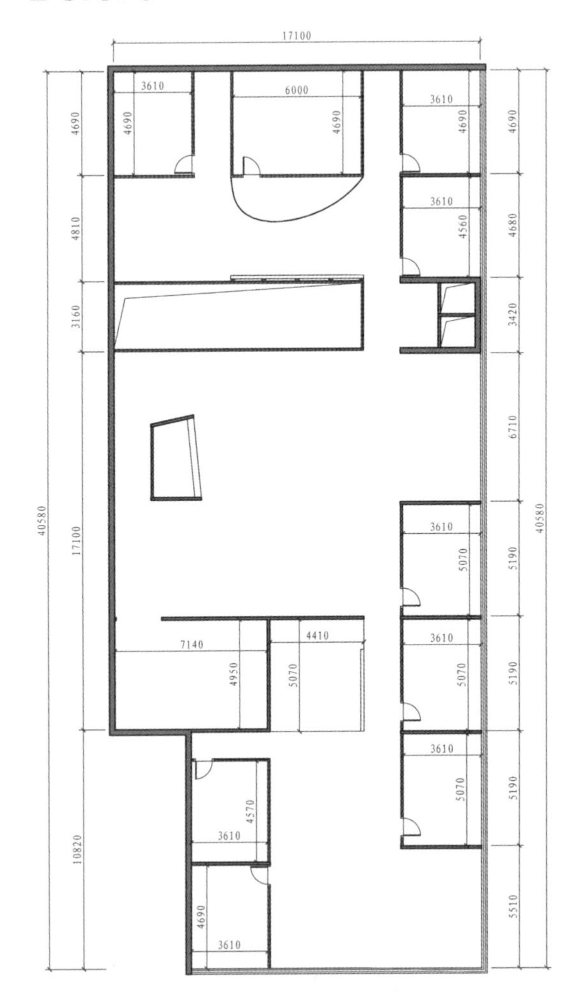

图 7-78　原始平面布局

↑建筑面积约 666 m^2，使用面积约 526 m^2。整个建筑外轮廓呈长方形，内部比较方正，空间划分比较均匀，层高适中。

After

主要办公区与会议区集中在整体空间的两侧，保证安静与私密性

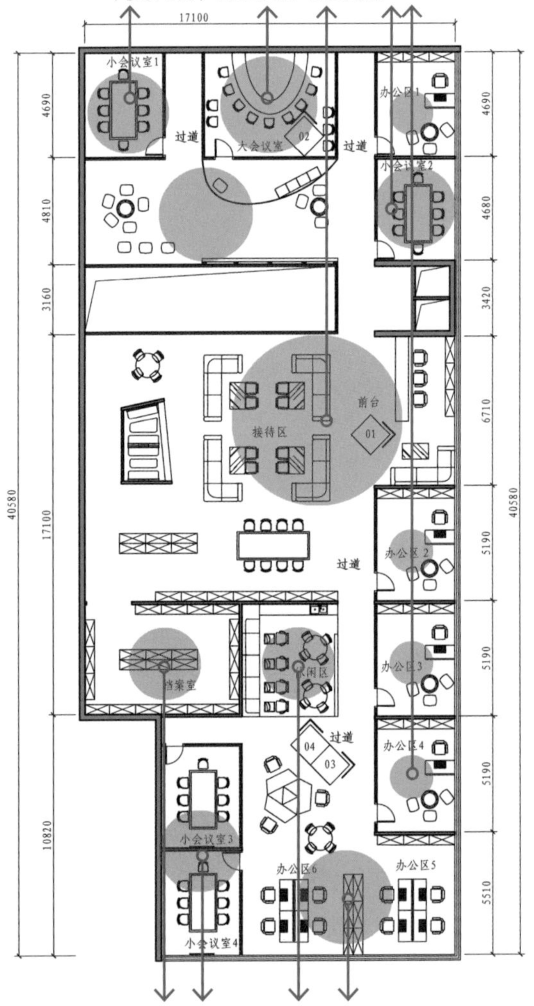

小会议室1
大会议室
过道
办公区1
小会议室2
前台
接待区
办公区2
档案室
休闲区
办公区3
办公区4
小会议室3
办公区6
办公区5
小会议室4

辅助功能满足了趣味办公和洽谈功能，更具半开放性和灵活性，如过道边设计有休息区、观赏区

图 7-79　设计改造后的平面布局

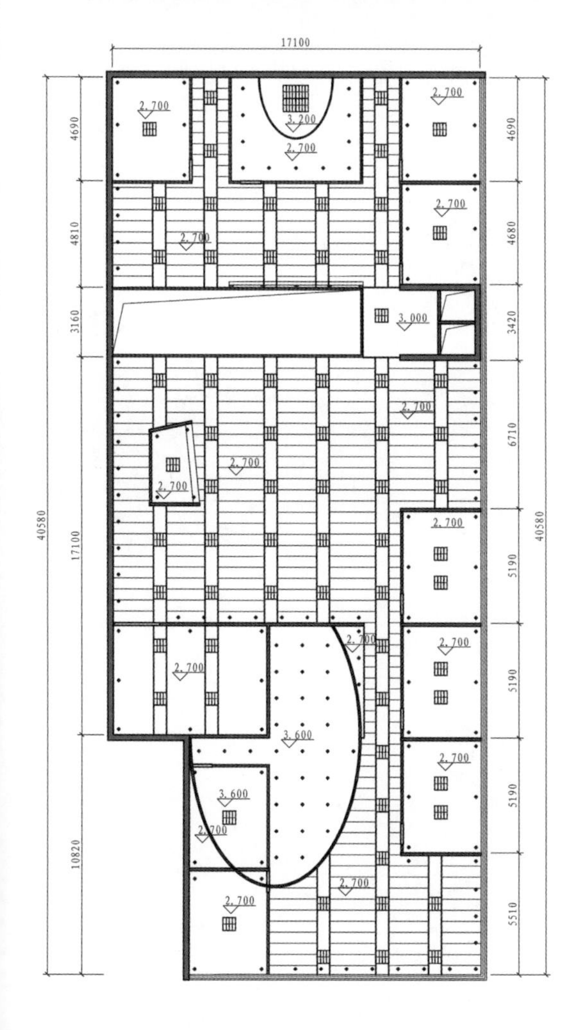

图 7-80　顶棚照明设计

←照明灯具：筒灯、栅格灯。可以用白色的格栅灯作办公区的间接照明，并辅以筒灯作补充照明，这样形成的亮度也会比较均衡。

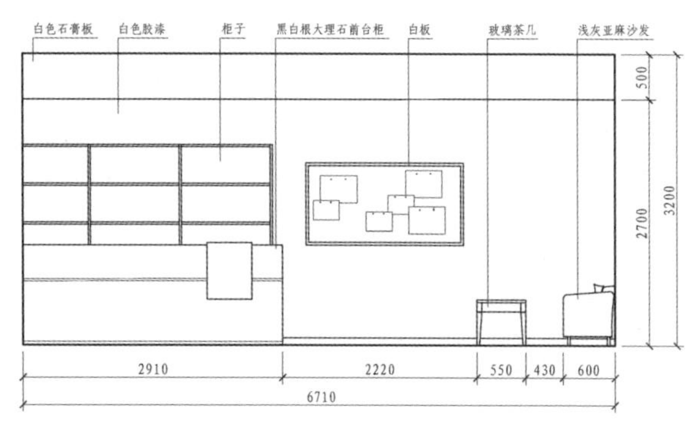

图 7-81　前台立面图

↑黑白大理石台柜、浅灰亚麻沙发、玻璃茶几等细节设计体现了企业的形象。

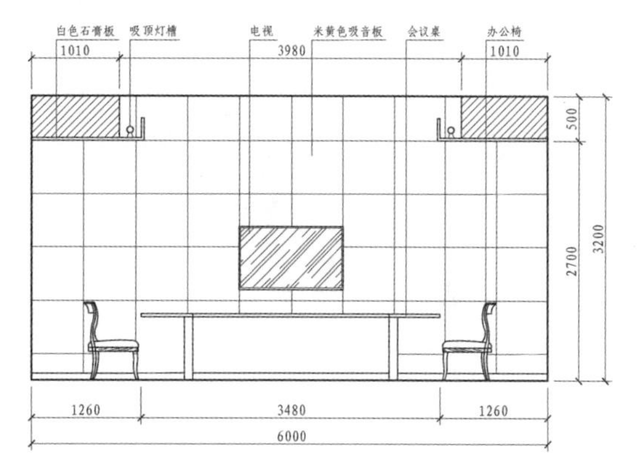

图 7-82　大会议室立面图

↑会议室家具的选择及局部造型设计都是采用简约的风格，让整个空间变得更加商务化。

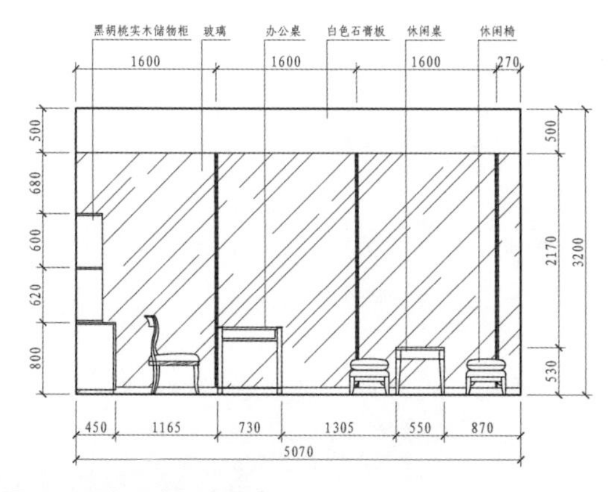

图 7-83　办公室 4 立面图

↑办公室与过道的空间划分主要是通过玻璃隔断来体现，加强了采光和展示性。

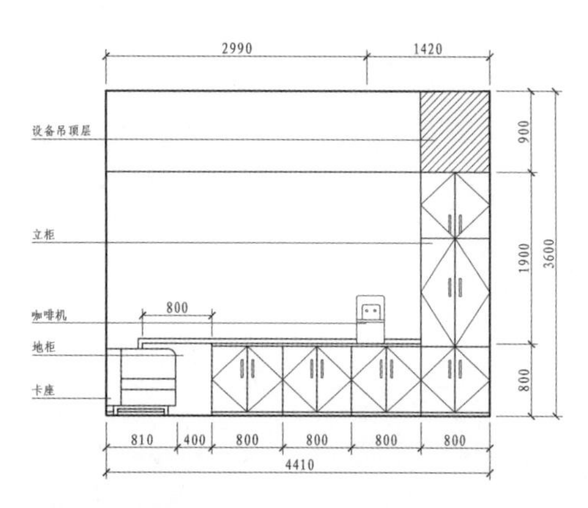

图 7-84　休闲区立面图

↑在靠墙处设计地柜、卡座，很大程度上节省了空间面积。这种靠墙的布局方式可以增加空间的使用率。

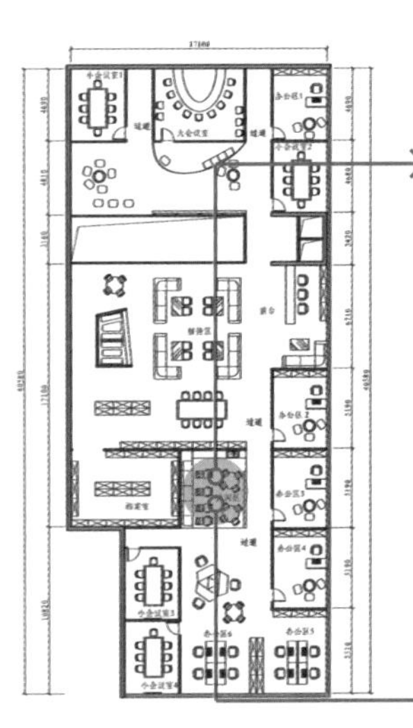

图 7-85　设计效果：休闲区（一）
←这片区域绿色清新，旨在为办公人员提供一个放松的休息社交区域。绿色可以缓解视觉的疲劳，因而在此大面积铺设绿色地毯，同时也与其他空间的绿色元素相契合。

图 7-86　设计效果：休闲区（二）
→整个空间的色调主要是以灰白和草绿为主，局部通过橘黄、墨绿、咖啡色来点缀空间，为空间注入一份休闲的气氛。

图 7-87　设计效果：开放式办公区（一）
←整个办公场地尺度宜人、视野开阔。既有自由共享的区域，为不同使用者提供了接触与合作的机会；又有私密的独立场所，让使用者在互动交流模式与专注思考模式之间能够高效又自主地切换，提升工作效率。

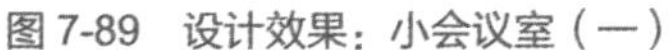

图 7-88　设计效果：开放式办公区（二）
→独特的三人办公桌组合，秉承“少即是多”的设计哲学，严谨且高效。

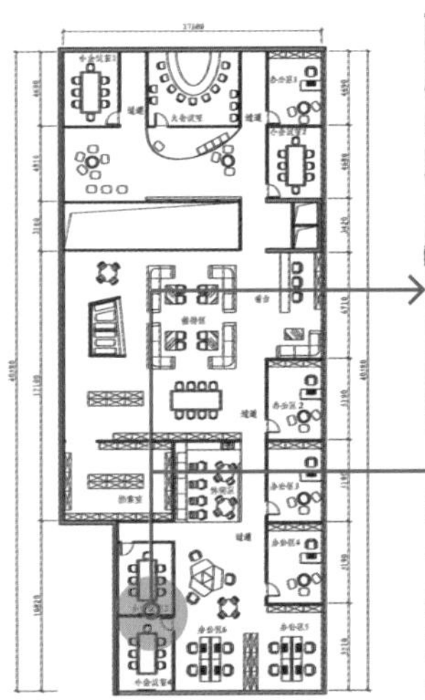

图 7-89　设计效果：小会议室（一）
←为了使会议能够有良好的声响效果，会议区都铺设了地毯，将突显交流和创新的公共形象作为办公室设计的主要目的。

图 7-90　设计效果：小会议室（二）
→会议室设计风格纯净、沉静且细腻，摒弃不必要的纷杂思绪，更容易专注于工作。触感舒适的布艺、地毯，带来与坚固干练的结构力道相碰撞的柔软气质，在光影变幻之间演绎灵动的层次，为空间塑造优雅的气质。

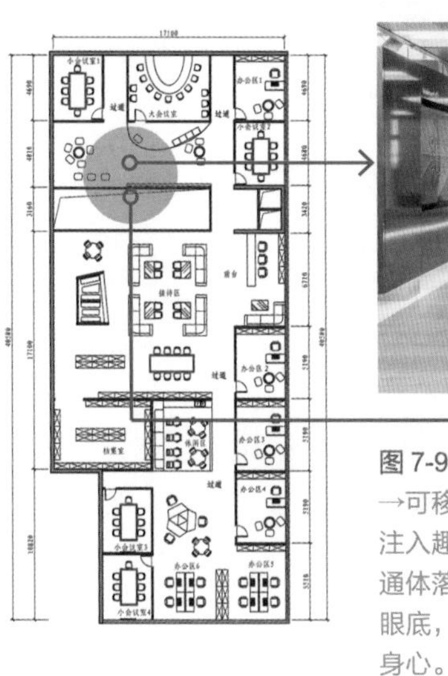

图 7-91　设计效果：临时休息区（一）

←这是半下沉式结构，与会议室相连，正好为去往或者走出会议室的人们提供了一片休息之地。同时通过视觉的通透和材料的延续使用，使空间的整体感、连续感增强。用落地窗引入自然光线，下沉部分的灯带设计为空间增添了一抹柔和、宁静的气息。

图 7-92　设计效果：临时休息区（二）

→可移动的临时座凳为繁忙的办公氛围注入趣味，传递积极向上的工作态度。通体落地窗有序明朗，将无尽风光尽收眼底，闲暇时可饮一杯淡茶，远眺放松身心。

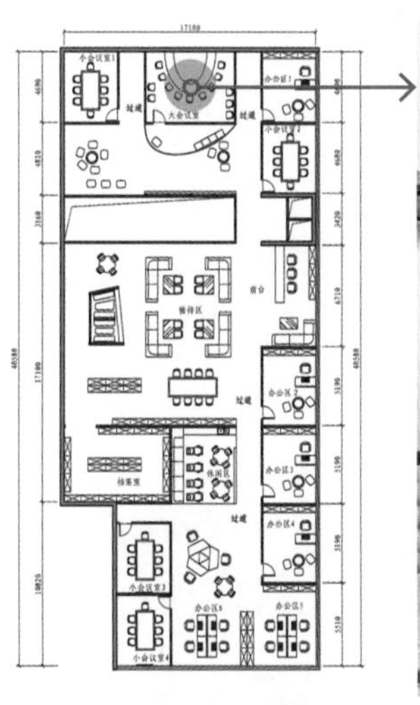

图 7-93　设计效果：大会议室

←大会议室为 360° 全景玻璃结构，并且设计有超长窗帘，为参会人员提供了一定的私密性。圆弧形超大会议桌可以促进会议交流。

图 7-94　设计效果：独立办公区

←除特定部门需要独立空间外，剩余部门都设置在开放办公区。办公桌边的玻璃隔门便是各部门之间划分的标志，门内即独立空间，门外即开放空间。

7.7 部门独立型办公空间

主要用材：玻璃、多种木料、石材。

设计师主张打造一个流畅的办公空间。值得关注的是设计师按照行和列对空间进行规划，使得每个大小不同的区域都可以被合理、有效地利用（图 7-95 ~图 7-110）。

本设计实例用落地玻璃板作隔墙，这样可以最大限度地为室内引入自然光，同时在视觉上将窗外的美景引入了室内。

Before

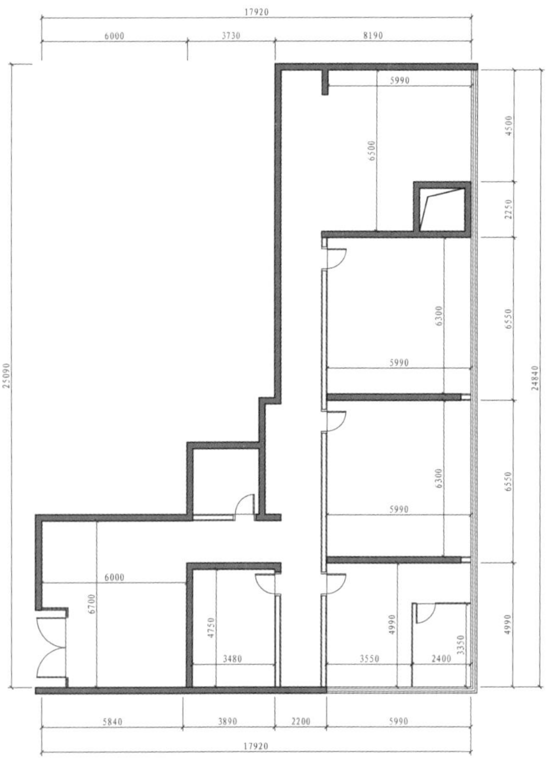

图 7-95 原始平面布局

↑建筑面积约 289 m^2，使用面积约 220 m^2。建筑内部空间宽敞，且分隔明确。

After

前台接待区空余较大空间，方便外部接待活动

两种不同规模的会议室满足各种大小会议、会客所需，位于办公空间外部

休闲区位于整体办公空间最内侧，同时也是企业员工自由活动的空间，具有集会、午餐、会客等多种功能

所有办公区都被划分为单元，形成团队组合模式，根据工作性质划分，能加强沟通，并提高办公效率。各单元内的布局还可以进一步调整

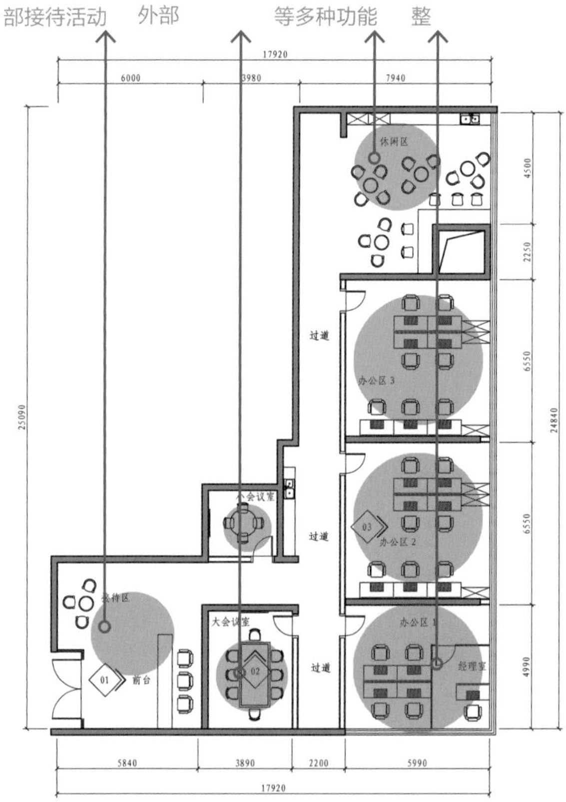

图 7-96 设计改造后的平面布局

↑空间依照不同的功能被依次划分为大厅、大小会议室、多间封闭式办公区以及开放式休闲区，满足不同人员不同场景的使用需求。

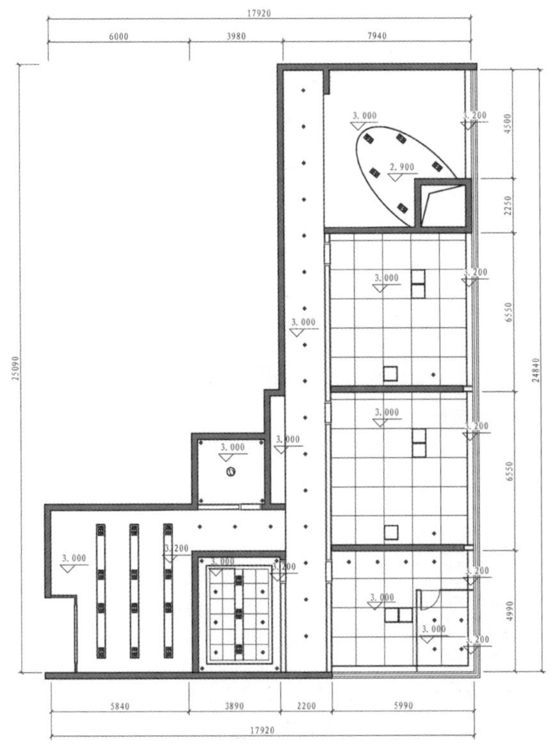

图 7-97　顶棚照明设计

←照明灯具：筒灯、节能灯、吊灯。在反射材料统一的情况下，要获得更好的照明效果，需要设置多种光源来平衡照度，并以此为基础，合理分配人工光与自然光的比例。

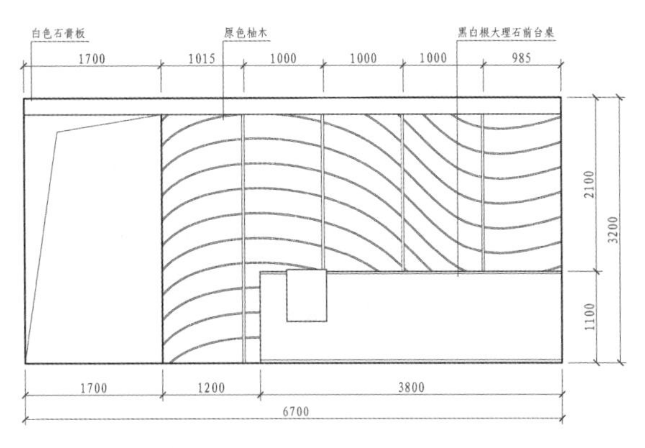

图 7-98　前台立面图

↑墙面背景采用黑色柚木做出流畅的曲线造型，行云流水，灵动精致。大理石材质的前台桌彰显出科技感与威严感。

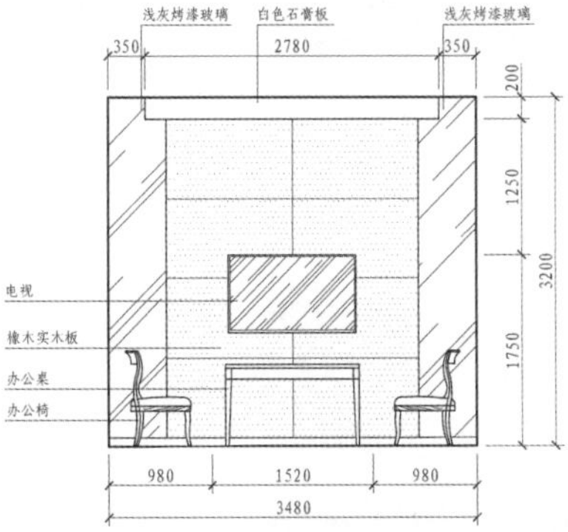

图 7-99　大会议室立面图

←电视机背景墙采用橡木实木板，色调、纹理与办公桌一致。墙面装饰烤漆玻璃，能扩大空间视觉效果。

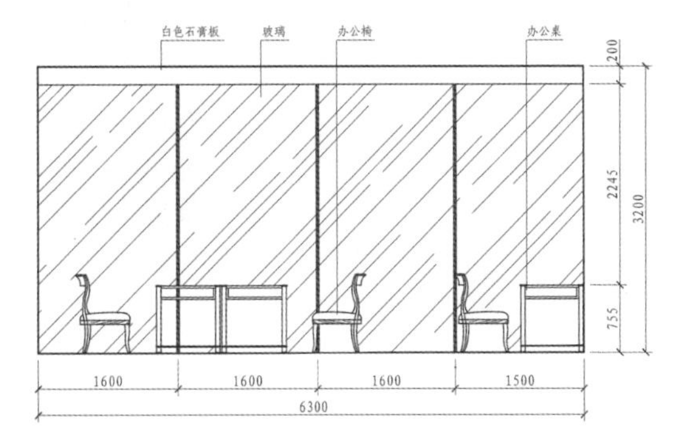

图 7-100　办公区立面图

↑紧靠办公桌椅的一面是全景落地式玻璃窗，不仅自然采光效果好，休息之余还可以眺望远景，帮助缓解员工的办公疲劳。

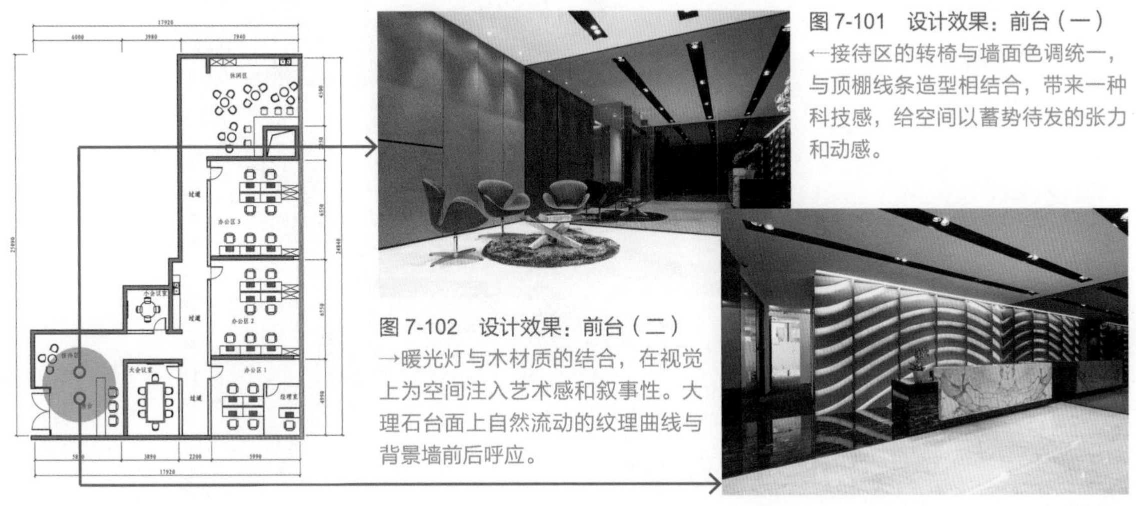

图 7-101　设计效果：前台（一）

←接待区的转椅与墙面色调统一，与顶棚线条造型相结合，带来一种科技感，给空间以蓄势待发的张力和动感。

图 7-102　设计效果：前台（二）

→暖光灯与木材质的结合，在视觉上为空间注入艺术感和叙事性。大理石台面上自然流动的纹理曲线与背景墙前后呼应。

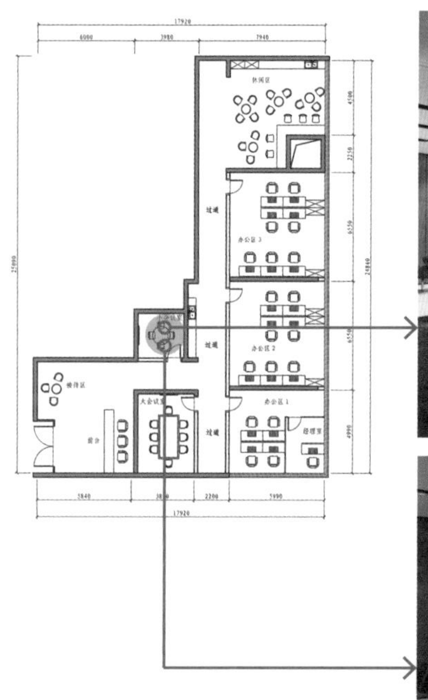

图 7-103　设计效果：小会议室（一）

←小空间的采光一般不太好，采用透明玻璃门可以引进自然光或者照明亮光。室内房门的门框应与过道内的装饰柜材质保持统一。

图 7-104　设计效果：小会议室（二）

←简化小空间的家具摆件，尽可能地利用每一寸空间。一台壁挂电视机、一张小桌以及几把升降椅，即为这个空间的全部家具。

图 7-105　设计效果：大会议室（一）

←房间外的过道旁有一整排的镶入式柜子用于存放资料，可谓是非常实用了。

图 7-106　设计效果：大会议室（二）

←木饰面背景墙给空间带来了活力和变化，同时也是整个空间的聚焦点，两侧的对称镜面起到延伸空间的作用。

图 7-107　设计效果：经理室与办公区（一）

←与开放式工作区相比，这里多了一分典雅、一分沉稳，犹如小型的豪宅客厅。灰色的墙面商务、严谨，木色的办公桌温馨、舒适，顶棚的线条明快、硬朗，整体设计风格简洁、明快。

图 7-108　设计效果：经理室与办公区（二）

←独立的单人办公桌设计使这里更显悠闲、放松。

图 7-109　设计效果：休闲区（一）

←宽大的落地窗设计，对于休闲区而言，采光与景观都是极好的。办公人员可以在此休息、用餐，享受这曼妙的时光。

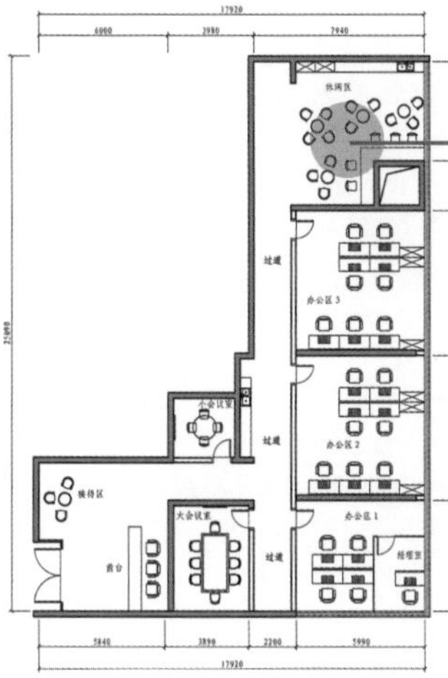

图 7-110　设计效果：休闲区（二）

←局部地面采用浅色实木地板，与其他地板区分开来。可以在这里用餐、喝咖啡、饮茶，在工作空隙营造一个小憩休闲的空间。

7.8 住宅改造工作室办公空间

主要用材：混凝土、多种木材、石材、玻璃、青铜。

设计师旨在打造一间全新的办公空间和样板间。设计师非常热爱他的团队以及他们共同的事业，基于此，才有了这如家般温馨的办公场所。这里有各种方便好用的居家功能区，有温馨、舒适的办公功能区（图 7-111 ~图 7-126）。

Before

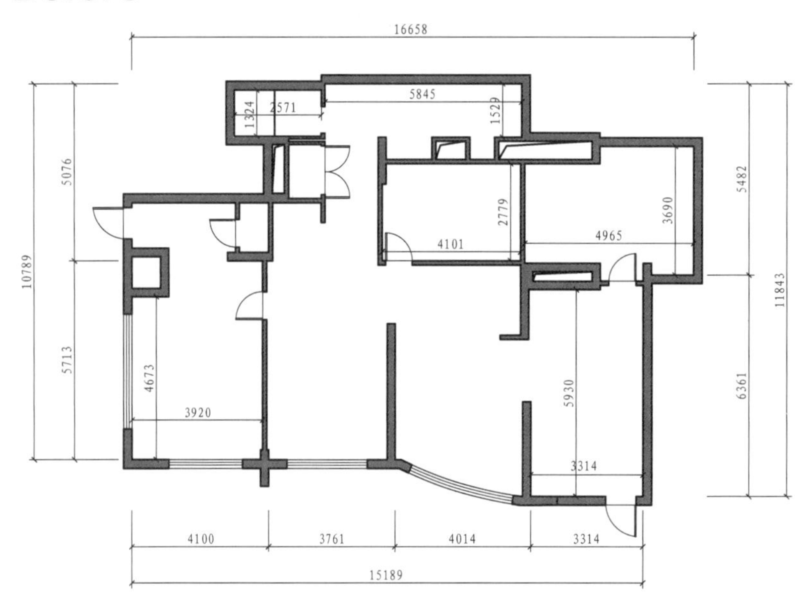

图 7-111　原始平面布局

←建筑面积约 152 m²，使用面积约 120 m²。办公空间设计概念遵循最少干预原则，采用合适的方式来保持建筑原始的空间特性，同时节省成本。

After

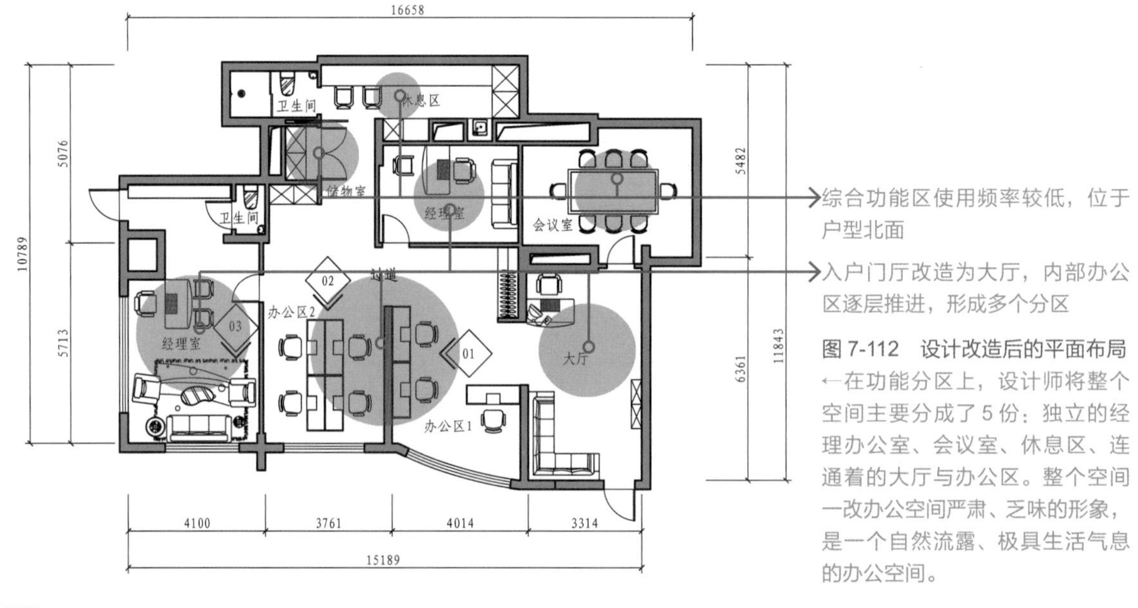

图 7-112　设计改造后的平面布局

←在功能分区上，设计师将整个空间主要分成了 5 份：独立的经理办公室、会议室、休息区、连通着的大厅与办公区。整个空间一改办公空间严肃、乏味的形象，是一个自然流露、极具生活气息的办公空间。

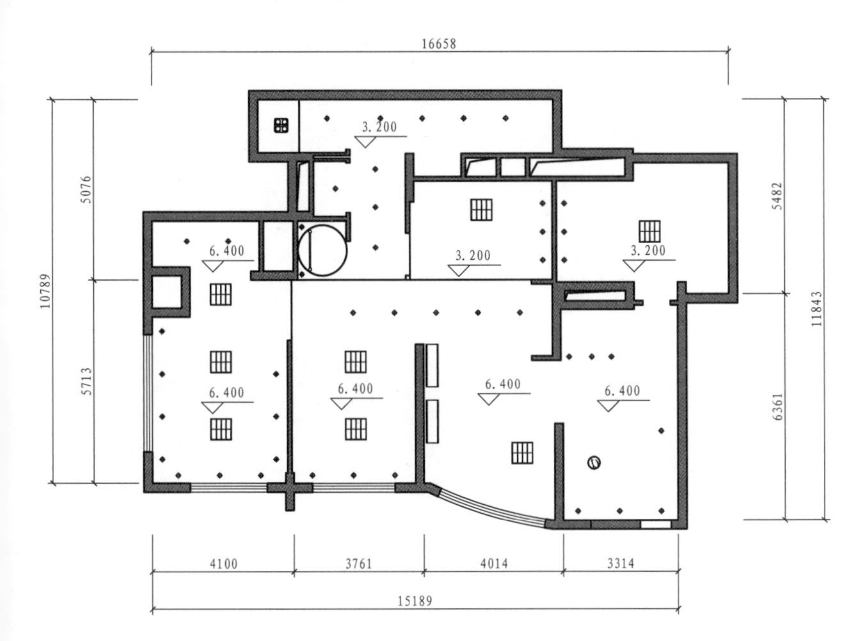

图 7-113 顶棚照明设计

←照明灯具：栅格灯、筒灯、吊灯。办公空间的照明要考虑全面，设计时要考虑所选光源的色温以及显色性，同时，办公空间的整体亮度还需分配均衡。一个良好的光环境得益于足够的照明度、分布均匀的光线以及合适的灯具和照明方式。例如，会议室可使用可调光的半间接照明灯具，以便实现不同场景的照明需求。

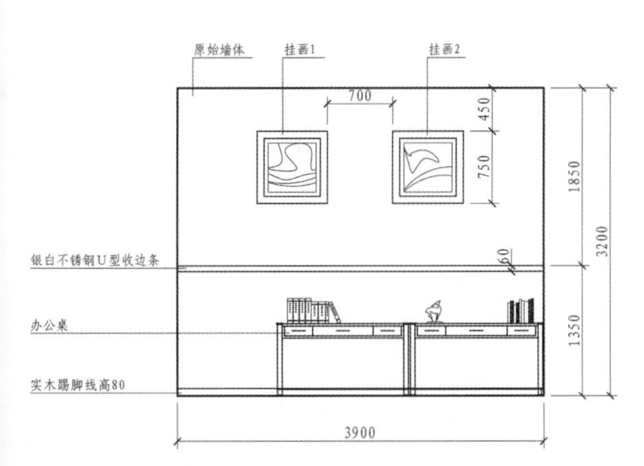

图 7-114 办公区 1 立面图

↑开放式员工办公区，醒目而有趣味的组合挂画巧妙呼应空间内的家具，空间氛围活跃而生动。

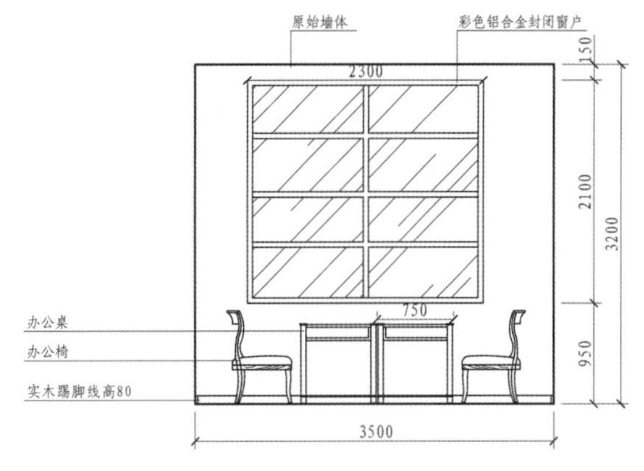

图 7-115 办公区 2 立面图

↑办公区的窗户既能让员工感受到自然，又可以切实地改善室内微气候与环境。

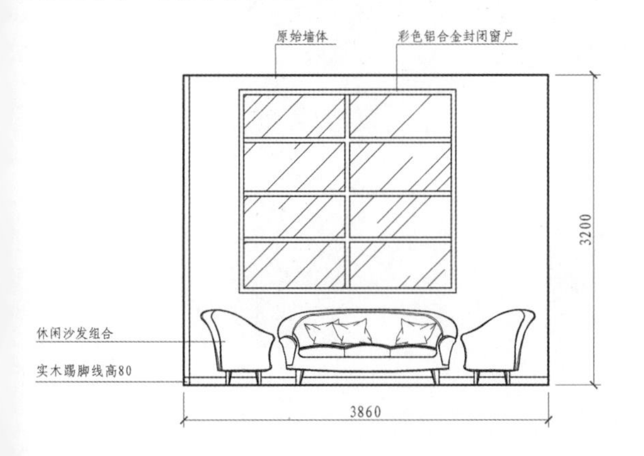

图 7-116 经理室立面图

←在设计上追求空间的简洁大方，摒弃无谓且琐碎的家具，用最直接的设计赋予办公空间一种个性和宁静。

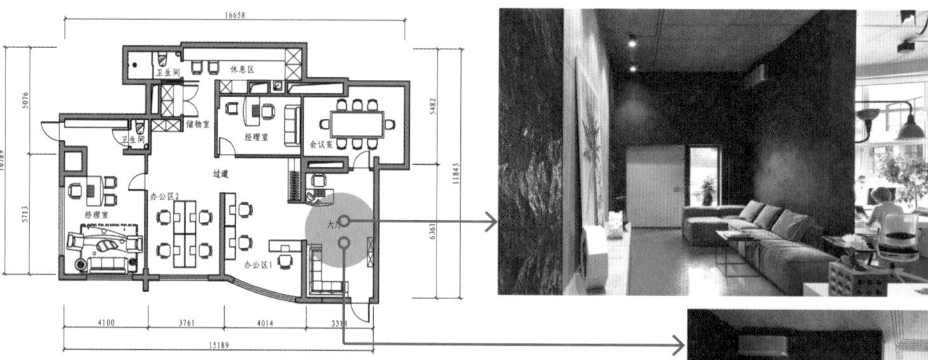

图 7-117　设计效果：大厅（一）
←以黑白灰为主要配色，蓝色作为点缀。屋内的吊顶是十分原始的水泥暴露风，上面没有过多的修饰，具有浓浓的艺术气息。

图 7-118　设计效果：大厅（二）
→进入大厅，好似进入了一个大“黑盒子”，顿时产生出空间交错感。打开小窗让光线穿透水泥墙面，头顶上的灯光洒向四周，空间变得更加富有构成感，彰显出其独特的风格魅力。

图 7-119　设计效果：办公区（一）
←椅桌选择经典的白色，两侧墙壁上的白色铁罩灯与之遥相呼应。周围粗糙质感的墙壁则为整个空间添加了浓郁的乌克兰气息。

图 7-120　设计效果：办公区（二）
→办公区内的一切都有着浓浓的乌克兰艺术风情，由乌克兰著名雕塑家 Nazar Bilyk 设计的名为“雨”的青铜雕塑被放置在大厅与办公区 1 的出入口处，堪称艺术与品位的结合。

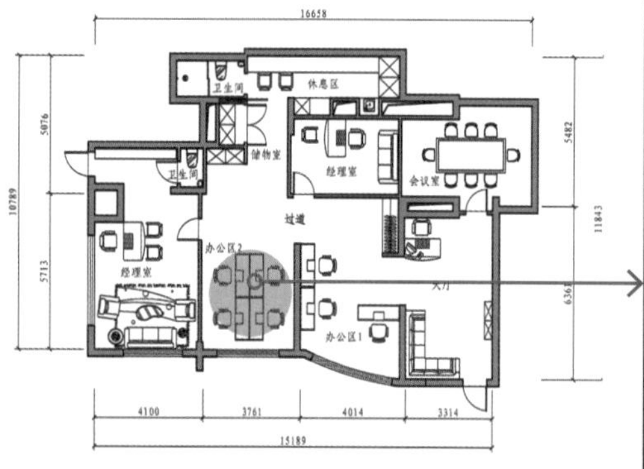

图 7-121　设计效果：办公区（三）
←灯具从吊顶的上方垂下，正好处于办公桌的正上方，想必工作时照明效果也是极好的。白色的灯饰与桌子，黑色的电脑与椅子，两相对比，视觉上格外统一、和谐。

图 7-122　设计效果：办公区（四）

↑隔墙采用木板制作而成，纹理自然且不太细腻，与粗放的水泥吊顶、地面十分搭配。松木板隔墙有着自然稳重的效果，且墙板薄、占用面积小，隔声性能也较好。

图 7-123　设计效果：大经理室（一）

←这里主要用于举办重要的活动和会议，以艺术吊灯和条纹木板做装饰，家具有玻璃桌、大象椅等，摆放紧凑。

图 7-124　设计效果：大经理室（二）

←书架内藏书过千，方便取阅，以此彰显空间主人高雅的气质和品位。

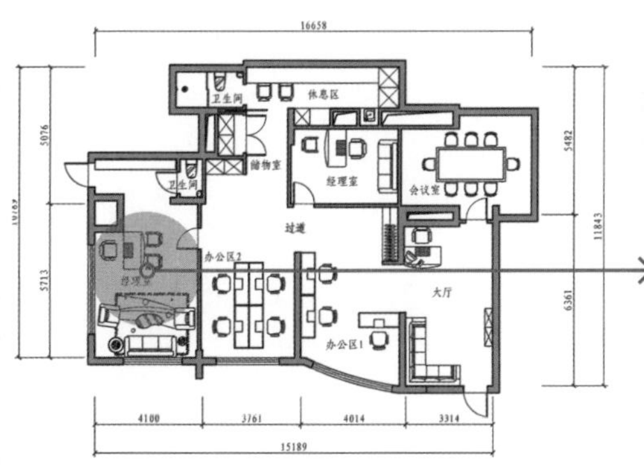

图 7-125　设计效果：大经理室（三）

↑室内空间宽敞，因而家具、装饰较多。在坚实的混凝土墙上种植热带植物，宛如一堵天然的绿色屏障在此守候。

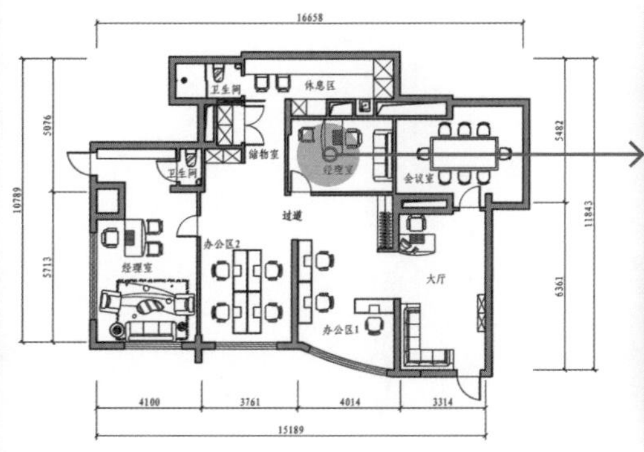

图 7-126　设计效果：小经理室

↑各种木料、灯光的使用，营造出独特的温暖色调。混凝土的顶棚与地面，一天一地相呼应，沉稳大气。

参考文献

[1] 德里斯科尔．办公空间创意设计 [M]．常文心，译．沈阳：辽宁科学技术出版社，2016.
[2] 陈卫新．中国印象：办公空间 [M]．沈阳：辽宁科学技术出版社，2018.
[3] 精品文化工作室．办公空间设计 [M]．大连：大连理工大学出版社，2012.
[4] 徐珀壎．共享办公空间设计 [M]．贺艳飞，译．桂林：广西师范大学出版社，2018.
[5] 高迪国际出版有限公司．空间彩色艺术 [M]．赵翔宇，邹红，赵远，译．大连：大连理工大学出版社，2015.
[6] 董君．办公空间 [M]．北京：中国林业出版社，2017.
[7]《名家设计系列》编委会．办公空间：名家设计案例精选 [M]．北京：中国林业出版社，2016.
[8] 王萍，董辅川．说图解色：办公空间色彩搭配解剖书 [M]．北京：机械工业出版社，2019.
[9] 邓宏．办公空间设计教程 [M]．重庆：西南师范大学出版社，2006.